華人世界第一本完整收錄裝潢基礎工法大全

裝潢工法
全能百科王

[選對材料、正確工序、監工細節全圖解　一次搞懂工程問題]

漂亮家居編輯部 ──── 著

暢銷
新封面版

目錄
Content

使用説明

本書整理出在裝潢流程中各種材質、工種常用的工法項目，每個工法透過詳細的步驟解說，為讀者解析工法中最關鍵、最需要注意的地方，並拉出工法的適用情境、施工天數和特色，提供給讀者依照居家情況選擇適用工法。除此之外，也列出常用材質的特性，並針對個別材質，解說對應的施工注意。

◎ Chapter

本書共羅列出 15 個工程項目，依照基礎工程和材質種類而定，依序介紹隔間、樓梯、水電、石材、磚材、木素材、水泥、衛浴、廚具、其他材質等。

◎ 常見施工問題 TOP 5

蒐集最容易發生的工程問題，列出解決方法的所在頁數，便於搜尋。

◎工法一覽

每個章節中，介紹常用的工法種類，並針對工法特性、優缺點、適用情境、價格帶，同時為不同工法做出評比，讓讀者有初步的瞭解，一看就懂。

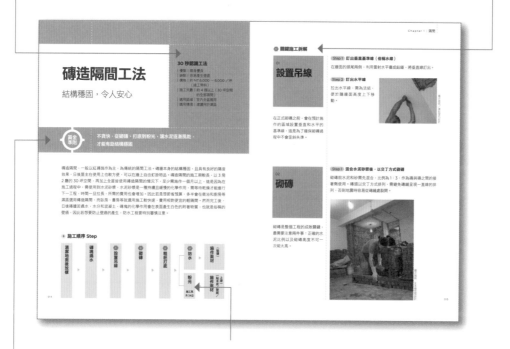

◎ **監工要點**

依照建材和施工分別檢驗，作為現場督工的檢測依據。

◎ **TIPS / 名詞小百科**

整理施工過程中的相關訣竅、適用材質等，同時也整理出常見的專有名詞，徹底瞭解工程用語，與工班溝通無障礙。

◎**材質介紹**
介紹各類的常用材質，從特色、適用情境、
適用工法一應俱全，還告訴你怎麼挑以及針
對該類材質特有的施工注意。

白磚

| 適用區域 | 住家‧商空
| 適用工法 | 輕隔間工法
| 價　　格 | NT.1,000～1,400 元／㎡不等（施工專料‧價格依照白磚厚度而定）

特色

白磚，全名為高壓蒸氣養護輕質氣泡混凝土磚，是由細砂、石灰、石膏和水等混合而成。重量輕，一塊白磚約只有紅磚的1/3重；施工快速，30 坪的空間約需 2～3 天就能完成，牆面平整可直接上漆或貼壁紙，簡化後續的施工程序和時間。無機質的白磚耐點高達 1,600℃，有 2 小時的防火時效。缺點是事後如須吊掛物品，不能直接打釘子，需使用專用的膨脹螺絲。而白磚最為人詬病疑慮的問題在於易吸水，雖不會造成壁面問題，但牆面不容易乾，若想用在衛浴隔間等潮濕。磚面需確實做好防水。

挑選注意

依照厚度，白磚可分成 10cm、12.5cm 和 15cm，差別在於隔音效果的好壞。室內隔間最好用到 12.5cm，隔音效果相當於紅磚隔間；15cm 的隔音效果更佳，只是牆體厚度太厚，會佔據室內的空間，因此多作為分戶牆使用。一般厚 10cm 的價格為 NT.1,000 ／㎡、12.5cm 為 NT.1,200 ／㎡、15cm 為 NT.1,400 ／㎡，若施作的面積不足 10 坪（約 33 ㎡）則會再增加基本的出工工資。

施工注意

施工前必須整地，需在平坦的地面施作。若原先地板為地磚，無須拆除，可直接施作；但若為木地板，則需拆除。與天花板和樑體之間需留 2～3cm 的縫隙，並灌注發泡劑，是作為地震時的緩衝。表面可施作油漆、壁紙、貼磚或石材，若要貼磚，則需使用益膠泥覆蓋。

矽酸鈣板

| 適用區域 | 住家‧商空的隔間或天花板
| 適用工法 | 木作‧輕鋼架隔間工法
| 價　　格 | 約 NT.250 元／片‧依照厚度而定

特色

矽酸鈣板是以矽酸質、石灰質、紙槳等經過層疊加壓製成，具有防潮、不變形、隔熱等特性，常用於木作隔間、輕鋼架隔間、天花板的表面包覆，作為最外一道的防火牆。依照產地的不同，矽酸鈣板的品質也有所差異。以日本出產的品質最佳，台灣居次，大陸為末。部分劣質矽酸鈣較薄，有可能造成施工油漆時無法均勻上色。在選擇時要注意是否不含石棉，才不會對人體有害。

挑選注意

由於各板材間價差大且表面看上去類似，容易有不肖業者以氧化鎂板替代矽酸鈣板藉此賺取利潤，最簡單的辨識方式就是看板材的側面，矽酸鈣板是一體成型、無論表面、側面都相同；而氧化鎂板的側面則如有夾板，拿起來商者的重量也不同，若敲擊表面，氧化鎂板由於有細小空隙，因此聲音會有空心感，矽酸鈣板則較為實心。

施工注意

不論是天花板或是隔間，矽酸鈣板貼於骨架之時，都需先使用白膠黏合，再用釘槍固定。這是因為白膠需等待一段時間才會乾，必須以釘槍假固定，避免板材脫落。

1

隔間

隔音防水好幫手

隔間，是區分室內空間領域的重要中介，本身還需具備隔音、掛物、防水等重要功能，主要可分成磚造隔間、木作隔間和輕鋼架隔間工法。磚造隔間為傳統工法，隔音效果最好，結構也紮實，但施工較久，施工現場也較容易有泥濘，需時時清潔。相對於載重較重的磚造隔間，木作、輕鋼架隔間都是屬於輕隔間的一種，材料相對較輕，對建築的負擔不大，施工也比磚造來得快，只是這兩種隔間在完工後想增加吊掛功能較為不便，需事先確認需求。

除此之外，目前還有輕質混凝土隔間、陶粒板隔間等，輕質混凝土隔間內部需灌漿或保麗龍球，一般居家較少使用；陶粒板隔間則和輕鋼架的施作類似，差別在於表面板材是用陶粒板，可直接承掛重物。

專業諮詢／大雨水電防水工程、王本楷空間設計、祐德工程有限公司、演拓室內設計

✛ 常見施工問題 TOP 5

TOP 1 樓上鄰居施工到一半，我家就發生漏水，問了之後才發現地面沒做好防水就施工？！（解答見 P.018）

TOP 2 砌完磚的隔天就讓水電入場，開鑿時牆面立即變歪要重砌！（解答見 P.016）

TOP 3 牆面產生波浪狀，油漆老是漆不平，油漆師傅說是從打底就沒做好很難救，是真的嗎？（解答見 P.017）

TOP 4 木隔間的板材太薄，隔音沒效果？！（解答見 P.023）

TOP 5 木隔間聽說不能掛重物在牆上，有解決的辦法嗎？（解答見 P.023）

✛ 工法一覽

	磚造隔間工法	木作隔間工法	輕鋼架工法
特性	運用磚頭與水泥砂漿施作，結構穩固，隔音最好。但需等水泥乾燥，施工期最長	以木質角材為骨架，上下立柱後中央加上吸音棉或岩棉，外層再加上板材。可依照吊掛需求增強部分區域的結構	以金屬鋼架為骨架，作法和木作隔間類似，立完骨架後放置吸音棉再封板。由於金屬骨架為預製品，施工比木作隔間更快，也較便宜，經常用於商業空間
適用情境	客廳、衛浴等乾濕區都適用	材質不防水，適用於客廳、臥房等乾區	適用於辦公大樓
優點	**隔音最好** 1 隔音優良 2 結構紮實	1 施工快速 2 價格經濟實惠	**商空最愛用** 1 施工快速 2 價格較低
缺點	若有滲水情形，容易產生壁癌	1 比磚牆的隔音效果較差 2 以骨架為底，事後若要釘釘子需確認骨架位置	1 隔音效果最差 2 以骨架為底，事後若要釘釘子需確認骨架位置
價格	約 NT.6,000 ～ 8,000 ／坪 （連工帶料）	NT.2,000 ～ 2,500 元／台尺 （連工帶料） **最經濟實惠**	NT.600 ～ 1,500 元／㎡ （連工帶料）

※ 本書記載之工法會依現場施工情境而異。

※ 施工價格僅為參考，實際價格會依市場浮動而定。

磚造隔間工法

結構穩固，令人安心

30 秒認識工法

| 優點 | 隔音優良
| 缺點 | 容易產生壁癌
| 價格 | 約 NT.6,000 ～ 8,000 ／坪（連工帶料）
| 施工天數 | 約 4 週以上（30 坪空間的全部隔間）
| 適用區域 | 室內全區適用
| 適用情境 | 建議用於濕區

 黃金準則　不貪快，從砌磚、打底到粉光，讓水泥逐漸風乾，才能有助結構穩固

磚造隔間，一般以紅磚施作為主，為傳統的隔間工法。磚牆本身的結構穩固，且具有良好的隔音效果，日後屋主在使用上也較方便，可以在牆上自由釘掛物品。磚造隔間的施工期較長，以 3 房2 廳的 30 坪空間，再加上全屋皆使用磚造隔間的情況下，至少需施作一個月以上，這是因為在施工過程中，需使用到水泥砂漿，水泥砂漿是一種持續且緩慢的化學作用，需等待乾燥才能進行下一工程，時間一旦拉長，所需的費用也會增加。因此若是想節省預算，多半會在衛浴和廚房等濕區選用磚造隔間，而臥房、書房等就選用施工較快速，費用相對便宜的輕隔間。然而完工後，日後磚牆若遇水，水分和混凝土、磚塊的化學作用會在表面產生白色的附著物質，也就是俗稱的壁癌，因此若想要防止壁癌的產生，防水工程要特別審慎注意。

✚ 施工順序 Step

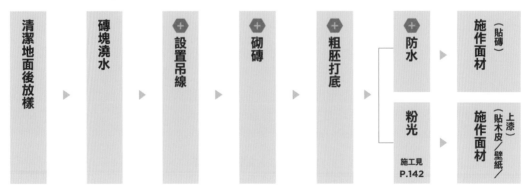

清潔地面後放樣 ▶ 磚塊澆水 ▶ ✚ 設置吊線 ▶ ✚ 砌磚 ▶ ✚ 粗胚打底 ▶ ✚ 防水 ▶ 施作面材（貼磚）

粉光（施工見 P.142） ▶ 施作面材（上漆／貼木皮／壁紙）

⬡ 關鍵施工拆解

01

設置吊線

在正式砌磚之前，會在預計施作的區域設置垂直和水平的基準線，這是為了確保砌磚過程中不會歪斜失準。

Step 1 訂出垂直基準線（俗稱水線）

在牆面的頭尾兩側，利用雷射水平儀或鉛錘，將垂直線訂出。

Step 2 訂出水平線

拉出水平線，需為活結，便於隨牆面高度上下移動。

圖片提供／演拓室內設計

02

砌磚

砌磚是整個工程的成敗關鍵，最需要注意兩件事：正確的水泥比例以及砌磚不可一次砌完。這是因為水泥沙漿未硬化會有危險，需等下層固化再進行。

Step 1 混合水泥砂漿後，以交丁方式砌磚

砌磚前水泥和砂需先混合，比例為 1：3，作為磚與磚之間的接著劑使用。磚頭以交丁方式排列，需避免磚縫呈現一直線的排列，否則地震時容易從磚縫處裂開。

圖片提供／王本楷空間設計

打拴（新舊牆面交接時使用）

若新砌的磚牆需和舊有牆面相接，每隔幾層就需在新舊牆面之間植入鋼筋，也就是打拴。這樣的施作方式是為了加強牆面結構的穩定，讓磚牆和舊牆接合度更高，避免地震時牆面的接合處裂開。

圖片提供／王本楷空間設計

Step 3 **架設門楣（於門窗處施作）**

砌牆時，若需預留門窗位置，需在上方處架設門楣，作為磚牆的支撐，長度需超過門寬左右各 10cm。

圖片提供／演拓室內設計

Step 4 **完工後，等待 3 ～ 5 天乾燥**

砌磚完後，需再等待 3 ～ 5 天讓水泥砂漿乾燥，讓結構穩固，再進行打底。而施作完的隔天就可以配置水電。

> ✕ 📢注意！ **不可貪快，每日砌牆面的 1/2 高度**
>
> 紅磚本身較重，且需等待水泥乾燥，黏合度才夠，結構也才比較穩定。因此每日最好施作 1/2 牆面高度即可，切忌貪快，否則會有崩塌的危險。

◇名詞小百科：**門楣**

為長條狀的混凝土塊，在門框或窗框上方支撐磚塊之用。

03

粗胚打底

打底,是為了讓原本粗糙凹凸不平的磚面變得平整,因此在施作時最需注意平整度,施作越平越仔細,後續的粉光或油漆就能更省力。

Step 1 設置灰誌和角條

首先以水平儀和尼龍線拉出水平和垂直參考線。依著參考線,利用土膏將小磁磚或灰誌黏於壁面,做出厚度定位;窗框、四邊轉角處等,則以角條(條仔)劃出邊界,並確保轉角切面的平直性、做出直角。

圖片提供／頑石設計工坊 李松栢

Step 2 磚牆澆水

磚牆澆水濕潤,後續的水泥砂漿產生水化作用。

圖片提供／演拓室內設計

Step 3 進行打底

待灰誌和角條的土膏乾固後,進行泥料的打底工程,塗佈厚度須將灰誌覆蓋。

Step 4 線尺修飾平整

以線尺將泥料表面刮平至可見灰誌邊緣,不平處重複上料和刮平的動作,直至完全平整、不可有波浪狀。

◇名詞小百科:灰誌

台語俗稱「麻糬」或模基粒,為一方塊狀的塑膠片。

Step 5　完工後，等待 2 ～ 3 天乾燥

打底完成後，需等待 2 ～ 3 天乾燥，再進行下一道工程。

04
防水

使用上容易有水的濕區，像是衛浴、廚房、陽台都需進行防水工程，防水處理需仔細且塗刷多道，才具有防水效果。

Step 1　角落防水補強

為預防龜裂並加強角落防水性，可用玻璃纖維網或不織布覆蓋於地、壁交接處。建議兩邊各吃一半，以 30cm 不織布為例，地 15cm、壁 15cm。

Step 2　壁面先塗刷防水漆

建議需刷 2 ～ 3 道以上。壁面塗刷第 1 道防水，加水稀釋讓它滲入水泥沙漿，等待 6 ～ 8 小時乾燥後，再塗刷第 2 次，等乾燥後再塗刷第 3 次。門窗、管線的銜接面是容易漏掉的區域，也要特別注意需仔細塗上防水漆，避免水分滲漏。

圖片提供／演拓室內設計

圖片提供／演拓室內設計

Step 3 **地面進行防水**

地面施作防水漆，同樣進行 2 ～ 3 道以上。

圖片提供／演拓室內設計

Step 4 **地面加上土膏，保護防水層**

地面完成防水漆後，再刷上一層土膏，藉此保護防水層不會因踩踏而損壞。

> 📢 注意！　**防水層不夠厚，漏水惡夢不斷**
>
> 有些不肖業者施作時，最容易偷工的地方在於防水漆只塗 1 道，防水層過薄當然沒有達到防水效果，事後就容易產生漏水問題。

木作隔間工法

多層封板，隔音就更好

30 秒認識工法

| 優點 | 施工快速
| 缺點 | 隔音較磚牆差
| 價格 | NT.2,000 ~ 2,500 元／台尺
　　　（連工帶料）
| 施工天數 | 依施作坪數和數量而定
| 適用區域 | 住家、商空
| 適用情境 | 不防水，適合用在客廳、臥
　　　房等乾區

黃金準則 掛重物的區域要特別排列較密集的角材和鋪上夾板，藉此加強吊掛的結構

除了磚造隔間，木作隔間是在住宅中最常使用的隔間工法之一，是屬於輕隔間的一種，本身載重輕，適合用在鋼骨結構的大樓中。施工快速，30 坪的空間中約莫 2 ～ 3 天就能完成，可縮減施工天數。木作隔間不像磚造隔間會弄髒施工環境，作法為運用一根根的木質角材立出骨架後，再填塞隔音材質，外層再封上具防火效果的矽酸鈣板或是石膏板。面材裝飾可上漆、貼壁紙等，若是內部結構做得紮實，也可以鋪磚，甚至貼大理石。只是木作隔間不像磚造為實心結構，即便是有填塞隔音材料仍會有空隙，因此隔音相對較差，若是想要加強隔音，建議封上兩層板材。

✛ 施工順序 Step

放樣 ▶ ✛ 立骨架 ▶ 一側先封板 ▶ 配置水電管線 ▶ ✛ 填入隔音材 ▶ ✛ 封板

關鍵施工拆解

01

立骨架

骨架是支撐木作隔間的重要結構，依照牆面的高度和幅寬比例、是否吊掛重物等去調整每支角材的間距，間距越密，結構力越強。隔間一般都選用1吋8的角材施作。

Step 1　確認牆面結構和骨材間距

牆面的長寬比例會影響角材的排列間距，若為橫幅較寬的牆面，每支縱向的角材間距必須密一些；若是高度較高的牆面，則橫向的角材間距需密一些。若是有局部需要吊掛冷氣，需再加上夾板支撐。

Step 2　先立地材

先於地面和天花施作橫向角材，訂出牆面的上下高度。

Step 3　立縱向角材

縱向角材約莫隔 30 ～ 60cm 下一支，依照所需的結構強度而定，利用釘槍固定。

Step 4　組裝橫向角材

橫向角材約莫 30 ～ 60cm 下一支，若需吊掛重物，間隔則需再更密集，約 15 ～ 30cm。

圖片提供／演拓室內設計

02
填入隔音材

由於隔間為中空，因此需填入可吸音或隔音的材質，大多使用岩棉或玻璃棉，一般隔間多使用60K左右的岩棉，所謂的K數是岩棉的密度，K數越高，隔音越好。

Step 1 **先封上背板**

在填充隔音材之前，需先封上背板，讓材料不會掉出。將白膠施作在骨架上，再貼上背板，並以釘槍固定。若想要隔音再好一點，鋪矽酸鈣板之前，先上一層夾板。透過雙層板材的施作加強隔音。

Step 2 **放入隔音材**

在背板與角材之間的空隙填入隔音材。

圖片提供／演拓室內設計

注意！ **最外層一定是防火建材**

在封背板時，一定要記得防火建材要在最外層，不能貪便宜只使用夾板封板，避免日後造成危險。

03

封板

封板時最要注意的是板材之間的留縫間距，需留出一定的縫隙讓後續的油漆批土得以順利，若是留得不足，表面容易產生裂痕。

Step 1 板材先削導角

在矽酸鈣板等封板板材的側邊削出導角，方便後續的施工。

削導角，留出批土縫隙。

Step 2 板材上標註水電出線口

由於一旦封板，水電管線就被隱藏，因此需先在板材表面標示出線口的位置。

Step 3 將板材固定於骨架上

在骨架上塗佈白膠，削好導角的板材貼覆於骨架上。排列時，導角側兩兩相對，留出批土的間距。由於白膠乾需要時間，因此需再以釘槍假固定。

圖片提供／演拓室內設計

◇ TIPS：

先封上夾板，隔音變更好，也增加吊掛

木作隔間最讓人感到不便的地方在於事後使用時不能隨意釘釘子，怕承重力不夠。但若是在封矽酸鈣板前先上一層 2 分夾板，就有一定的厚度，釘子就能夠咬合。雖然價格會再高些，但能解決無法吊掛的難題，也能增加隔音效果。

✕ 📢 注意！　**掛重物處以 6 分夾板補強**

像是冷氣、吊櫃等需懸掛在牆面的重物，在懸掛處需先鋪上 6 分夾板，與角材平行，以便增強結構，外層再封矽酸鈣板。

輕鋼架隔間工法

施工快預算相對便宜

30 秒認識工法

| 優點 | 施工快速，價格低廉
| 缺點 | 以骨架為底，事後若要釘釘子需確認骨架位置
| 價格 | NT.600 ～ 1,000 元／㎡（連工帶料）
| 施工天數 | 依施作坪數和數量而定
| 適用區域 | 客廳、衛浴等乾濕區都適用
| 適用情境 | 預算較少，且需要快速完工的空間

黃金準則　需先固定上下槽鐵，確立隔間位置；立柱需確認水平垂直

輕鋼架隔間作法和木作隔間類似，是以金屬鋼架為骨架，中央填塞吸音棉後封上板材。輕鋼架隔間比起木作和磚造隔間較輕，因此常用於鋼骨大樓中，承載力足以負荷。另外，由於金屬骨架為預製品，施工比木作隔間更快，也較便宜，因此商業空間多為輕鋼架隔間。但隔音效果較差，若用在住家需注意噪音問題。施作時，要注意放樣的位置以及預留電線管路的空間，需配完電後再封板，避免事後需切割牆面重拉。

✛ 施工順序 Step

放樣　▶　✛ 立骨架　▶　先封一側的板材　▶　配置電線　▶　✛ 填充吸音棉後封板

➕ 關鍵施工拆解

01

立骨架

依照放樣位置排列骨架，上下槽鐵和立料的接合需確實鎖緊。

Step 1　固定上、下方槽鐵

先排列下方槽鐵，確定位置無誤後以火藥釘槍固定，再排列上方槽鐵並固定。

Step 2　固定立柱，距地面 120cm 再固定一支橫料

固定立柱，每支立柱的間隔約 30 ～ 60cm，立柱安裝時須確認水平垂直，避免歪斜。接著距離地面 120cm 處再固定一支橫料，加強隔間結構。

> ✗ 📢 注意！　**轉角或門窗的橫、立柱密度需加強**
>
> 隔間開口向來是結構較弱的區域，因此在門窗處需加強配置橫、立料的數量，密度越高，結構越強。

02

填充吸音棉後封板

配置完電線後就可填充吸音棉並封板。封板前，建議表面事先留出插座開孔，避免事後找不到出線位置。

Step 1　填充吸音棉

吸音棉依照骨架間距裁切後填入，吸音棉之間需填實不留縫隙，確保隔音效果。

Step 2　以螺絲封板

沿骨架以螺絲固定板材，若有電線出線口，需事前裁切完畢。板材與板材之間需留縫，方便事後批土。

攝影／蔡竺玲

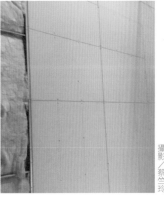

攝影／蔡竺玲

隔間監工要點

注意事前防水和結構強度

以磚造隔間來說，是整個工程較早入場的，在施作中常會用到水，因此地面需先做好防水，避免影響到樓下鄰居。另外，對於木作隔間和輕鋼架隔間而言，若有冷氣、櫃體的吊掛需求，要特別注意結構是否有做足。

圖片提供／演拓室內設計

堆放砂石要找不阻礙動線的角落放置，也不宜堆放過高以免造成危險。

⊕ 建材檢測重點

1 確認材料的品牌和名稱

當材料運到工地時，要確認和報價單上的名稱、品牌是否相同。像是夾板、矽酸鈣板的背面都印有名稱，因此很容易辨識和確認。

2 沙包不可堆疊過高

磚造隔間用的砂石量較大，因此需找到一個置物的地方，方便拿取也不阻礙行走路線，同時不可堆疊過高，避免過重承受不住。

⊕ 完工檢測重點

磚造隔間

1 地面需事先防水

若是將原有地面全部拆除，建議可先塗佈防水塗料，置磚處則需選在離排水區較近的地方，並在下方鋪上防水布，不僅排水順利，也能避免造成漏水情形。

2 需在打毛的地面上施作

若舊有地面為大理石、拋光石英磚或是木地板，過於光滑的地面磚塊不易附著，因此在施作前要先將舊有地板拆除到見底。

3 砌紅磚前需澆水

由於紅磚容易吸水，再加上砌磚時會用水泥作為磚面的接著劑。為了避免紅磚吸收水泥中的水分，使得水泥乾裂，降低黏著度。在施工的前一日需先行澆水，讓磚吸飽水分。

4 新舊牆交接的門楣位置，也需植筋

若新舊牆的交接處有設計一道門，舊牆面在植筋時，預計放置門楣的位置也必須植入兩道鋼筋，讓結構更為紮實。

5 日曬處的磚牆要蓋上遮陽布

等待水泥乾硬的過程中，最好是陰乾的方式，讓水泥砂漿結構逐漸穩固。若是有曝曬到陽光的磚牆，建議用遮陽布遮住，避免牆面太快乾，易有脆裂的情形。

6 用大量清水沖刷落水口

施作過程中，會有大量的水泥砂漿，因此每日完工前要不斷沖刷落水口，讓水泥得以流入下水道，以免水泥在水管中乾硬，導致水管阻塞。若中途發現有排水不順的異常現象，則可請水電師傅立即進行疏通，等到隔日就會太晚了。

木作隔間

1 放樣時確認尺寸

不論是磚造或木造隔間，在放樣時要到現場確認尺寸是否正確，一旦做錯就需重新拆除。

2 板材之間的間距至少留 6mm

封板後若是要施作油漆，需先批土使表面平整，因此板材相鄰處可施作導角，板材之間留出 6mm 的間距，讓批土更容易附著。若是間隙留得太小，批土就會掉落，表面就會產生一道裂痕。

3 封板後以手平摸表面，確認釘子不外露

在固定時，釘槍需與板材垂直施作，釘子才能打入內部，完成後還需再以鐵鎚敲打確認。檢查時可用手撫過板材交接處，確認是否凸起。

在澆水時，別忘了下面要鋪上防水布，並將多餘水分拭淨。

砌磚牆時，若不全部拆除原有石材、磚材地面，需在地面的隔間位置切割出施作區域。

植入兩道鋼筋，讓結構更為紮實。

常用隔間材質

防火防水不可或缺

隔間除了需要隔音、吊掛功能之外，在火災之時也能作為一定時間的屏障，讓居住者有餘裕逃生，因此所使用的材質需具有優良的防火時效。同時用在衛浴、陽台、屋頂等溼區，也須注意使用正確的防水塗料。

紅磚

| 適用區域 | 住家、商空皆適用
| 適用工法 | 磚造隔間工法
| 價　　格 | NT.6,000 ～ 8,000 元／坪（連工帶料）

特色

紅磚，主要是以陶土燒製而呈現紅色外觀，因而得名。本身的毛細孔多，容易吸水，可調節空氣中的溫濕度，具有隔熱耐磨的特性。當陶磚破損或者要丟棄，可以完全粉碎後回歸大地，是一種非常環保的建材。一般磚牆隔間使用的紅磚表面較為粗糙，並未細緻處理過，而目前也發展出表面光滑細緻的清水磚，以及用火燻過的火頭磚，表面呈現不規則的微燻，可直接外露，兼具結構和裝飾功能。

挑選注意　是用於隔間結構的紅磚，即便有缺角，也無須修飾；但若是需外露、作為裝飾，可選用清水磚、火頭磚，價格較高，施工也相對細緻，因此工資也較高。在材料進場時要注意是否有缺角，可將缺角削平後使用。

施工注意　不論是清水磚或是火頭磚，由於可作為裝飾材使用，需仔細排列呈現整齊的磚縫，表面無須經過打底，改以填縫劑將磚縫填平，表面再塗上一層亮光漆，維持磚面原有光澤外，也能避免材質本身的粉塵飄落。

圖片提供／六相設計

圖片提供／祐德工程有限公司

白磚

| 適用區域 | 住家、商空
| 適用工法 | 輕隔間工法
| 價　　格 | NT.1,000～1,400 元／㎡不等（連工帶料，價格依照白磚厚度而定）

特色

白磚，全名為高壓蒸氣養護輕質氣泡混凝土磚，是由細砂、石灰、石膏和水等混合而成。重量輕，一塊白磚約只有紅磚的 1/3 重；施工快速，30 坪的空間約莫 2～3 天就能完成，牆面平整可直接上漆或貼壁紙，簡化後續的施工程序和時間。無機質的白磚熔點高達 1,600℃，具有 2 小時的防火時效。缺點是事後如須吊掛物品，不能直接打釘子，需使用專用的膨脹螺絲。而白磚最為人感到疑慮的問題在於易吸水，雖不會造成壁癌問題，但牆面不容易乾，若想用在衛浴隔間等濕區，磚面需確實做好防水。

挑選注意

依照厚度，白磚可分成 10cm、12.5cm 和 15cm，差別在於隔音效果的好壞。室內隔間最好用到 12.5cm，隔音效果相當於紅磚隔間；15cm 的隔音效果更佳，只是牆體厚度太厚，會佔據室內的空間，因此多作為分戶牆使用。一般厚 10cm 的價格為 NT.1,000／㎡、12.5cm 為 NT.1,200／㎡、15cm 為 NT.1,400／㎡，若施作的面積不足 10 坪（約 33 ㎡）則需再增加基本的出工工資。

施工注意

施工前必須整地，需在平坦的地面施作。若原先地板為地磚，無須拆除，可直接施作；但若為木地板，則需拆除。與天花板和樑體之間需留 2～3cm 的縫隙，並灌注發泡劑，是作為地震時的緩衝。表面可施作油漆、壁紙、貼磚或石材，若要貼磚，則需使用益膠泥貼覆。

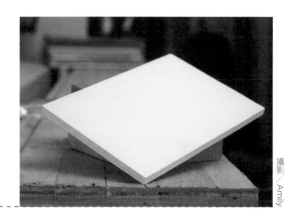

攝影／Amily

矽酸鈣板

| 適用區域 | 住家、商空的隔間或天花板
| 適用工法 | 木作、輕鋼架隔間工法
| 價　　格 | 約 NT.250 元／片，依照厚度而定

特色

矽酸鈣板是以矽酸鈣、石灰質、紙漿等經過層疊加壓製成，具有防潮、不變形、隔熱等特性，常用於木作隔間、輕鋼架隔間、天花板的表面包覆，作為第一道的防火牆。依照產地的不同，矽酸鈣板的品質也有所差異。以日本出產的品質最佳，台灣居次，大陸為末。部分劣質矽酸鈣板厚薄不一，造成施工油漆時無法均勻上色。在選擇時要注意是否不含石棉，才不會對人體有害。

挑選注意

由於各板材間價差大且表面看上去類似，容易有不肖業者以氧化鎂板代替矽酸鈣板藉此賺取利潤，最簡單的辨識方式就是看板材的側面，矽酸鈣板是一體成型，無論表面、側面都相同；而氧化鎂的側面則類似夾板，拿起來兩者的重量也不同，若敲擊表面，氧化鎂板由於有細小空隙，因此聲音會有空心感，剝開後有層纖維質；矽酸鈣板則較為實心。

施工注意

不論是天花板或是隔間，矽酸鈣板貼覆於骨架上時，都需先使用白膠黏合，再用釘槍固定。這是因為白膠需等待一段時間才會乾，必須以釘槍假固定，避免板材脫落。

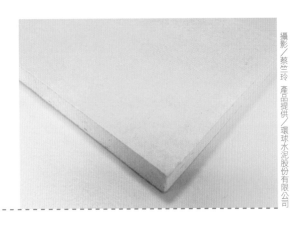

攝影／蔡竺玲 產品提供／環球水泥股份有限公司

石膏板

| 適用區域 | 住家、商空的隔間或天花板
| 適用工法 | 木作、輕鋼架隔間工法
| 價　　格 | 施作隔間連工帶料價格，約 NT.600 ～ 800 元／ m²

特色

除了矽酸鈣板，石膏板也是常用的板材之一。石膏板本身的熱傳導率低，材質穩定，不容易受到溫度的影響，因此具有隔熱的效果。同時剛性較低，遇到地震不易龜裂，具有防火、隔音、耐震的優點。石膏板常用的尺寸厚度從 9 ～ 12mm 左右，不含石棉，不會對有人體有害，可以百分之百回收的環保產品。

挑選注意

石膏板有普通板、強化板及防潮板等類型，可依照使用區域挑選，普通板價格較便宜，用途廣泛，可用於客廳、餐廳。防潮板具有防潮功能，適用於衛浴等潮濕區域。

施工注意

硬度較低，搬運時邊角易破損，需小心注意搬運。

圖片提供／大雨水電防水工程

彈性水泥

| 適用區域 | 地面、壁面
| 適用工法 | 滾塗
| 價　　格 | NT.1,000 ～ 2,000 元／坪

特色

彈性水泥也就是常用於浴室、陽台的防水材料，一般又簡稱為彈泥，是一種以高分子樹脂與水泥系骨材混合而成的水泥材料，擁有極佳的耐候性、耐水性。也由於是水泥基底，所以可以與施作面達到良好的貼覆性，對於阻擋水的入侵具有很好的效果，加上價格便宜、施作方便，塗刷後可直接貼磁磚或是粉刷，算是 C/P 值最高的防水材料。

挑選注意

彈性水泥又有分壓克力、EVA 系列，壓克力樹脂屬於較為硬性、滲透性好，比較耐泡水，EVA 樹脂則是比較柔性、彈性佳，但是一方面它的耐泡水效果卻沒有壓克力樹脂來得好，建議可用壓克力打底，再以 EVA 塗佈，取其兩者的優點。

施工注意

塗佈彈性水泥會建議薄而多層，一般大約三道就已足夠，塗完一道之後要等乾燥才能繼續塗第二道。另外，牆角四周建議可以加玻璃纖維網或是不織布材質，達到抗拉扯的效果。

圖片提供／大雨水電防水工程

水性 PU 防水膠

| 適用區域 | 戶外使用為主，常用於建築物外牆。
| 適用工法 | 滾塗
| 價　　格 | NT.1,100 ～ 1,500 元／㎡不等

特色

水性 PU 防水膠是採用耐水、耐鹼、耐候的樹脂，加入特殊抗裂纖維或是特殊塗料製作而成，有如糨糊般的質地，當它固化成膜之後，就會形成具有一定厚度的彈性體，且擁有優異的抗裂性與拉扯強度、以及抗 UV 效果。因此多半運用於外牆或是頂樓牆面，可直接且快速修復外牆的漏水問題。

挑選注意

水性 PU 防水膠根據品牌略有成分上的差異，但共通點都是水性、無毒、無味。要注意的是，有些品牌添加防水膠纖維分散不均，所以會有塗刷不順的問題，建議可多比較幾個大品牌作為選擇。

施工注意

水性 PU 防水膠為單液型，第一層必須加水稀釋，再來一層一層的滾塗，一般並不建議採用噴塗的方式，會使得防水膠易產生風化的情況。

圖片提供／大雨水電防水工程

PU 聚氨脂

｜ 適用區域 ｜ 戶外使用為主，常用於頂樓的地面、壁面。
｜ 適用工法 ｜ 滾塗
｜ 價　　格 ｜ NT.3,500 元／坪

特色

PU 防水材的特性就是附著力強，具韌性及彈性，尤其它的延展性可以到 4 ～ 5 倍，也就是說可以從 1cm 拉到變 4cm，對抗 7 級以下的地震絕對沒問題，再來是它的耐候性、耐水性都很高，有優異的抗日曬、抗紫外線的能力，因此經常被運用在屋頂防水。

挑選注意

一般塗料保存期限約莫 2 年，不過油性 PU 的保存期限較短，大約只有半年～一年的時間，選購時可多加注意。另外 PU 防水包含了底漆、中塗和面塗，底漆為透明單液型，中塗和面塗都是 AB 劑雙液型，需 AB 兩劑加以調和才能使用。

施工注意

PU 因為是屬於油性，因此施作時地面要完全乾燥、平坦，否則會容易產生氣泡，且素地的清潔也相當重要，要把灰塵和細砂都掃除乾淨。施作順序為底塗、中塗、面漆，底塗、面漆採噴塗方式，中塗則是要使用帶齒抹刀均勻抹平，同時也做出厚度。

水電

跳電滲水不再來

水管安裝注重給水、排水和糞管鋪設。給水管需選擇適當的冷、熱水管材質，熱水管需使用不鏽鋼材質，不可使用 PVC 管，避免高溫而損壞。排水管的行走路徑需避免過多轉角，以防排水不順，另外糞管和排水管的施作，都需特別注意是否有抓出洩水坡度，才能讓廢水或排泄物順利排除。配電前，先要計算整體空間用電安培數是否足夠，並配置合格的匯流排配電箱，才能落實用電安全。

專業諮詢／今硯室內設計、先奕實業有限公司、雋永 R 不動產

✚ 常見施工問題 TOP 5

TOP 1 家裡常常跳電，想一次選用最大安培數的電箱，但師傅並不建議，為什麼？（解答見 P.045）

TOP 2 聽說冷、熱水管重疊一定要加保溫材，是真的嗎？（解答見 P.041）

TOP 3 換完管線，師傅試水只試半小時就走了，這樣真的沒問題嗎？（解答見 P.044）

TOP 4 到了施工現場，發現熱水管選用 PVC 管，真的適合嗎？（解答見 P.050）

TOP 5 想要更換衛浴位置，一定要架高衛浴地板嗎？為什麼？（解答見 P.043）

✚ 工法一覽

	水管安裝	配電安裝
特性	包含給水、排水和糞管鋪設。給水工程需注意熱水管需使用不鏽鋼，不可使用 PVC 管，以防遇熱損壞；而排水和糞管工程要注意洩水問題	配電之前先計算總安培數，確認電箱是否能夠負荷。配置時，注意地線需接妥，同時衛浴、廚房等濕區配置漏電斷路器的無熔絲開關
適用情境	重新配管	重新配管
優點	提供良好的給排水運作	👍 **最需注重安全** 提供良好電路環境
缺點	一旦洩水或給水施作不慎，可能造成漏水、排水堵塞問題	若是設計不當，輕則跳電，重則發生火災
價格	依使用需求、選用材質而定	依使用需求、選用材質而定

※ 本書記載之工法會依現場施工情境而異。
※ 施工價格僅為參考，實際價格會依市場浮動而定。

水管安裝

注意洩水和水管材質

30 秒認識工法

| 優點 | 提供良好的給排水運作
| 缺點 | 一旦洩水或給水施作不慎，可能造成漏水、排水堵塞問題
| 價格 | 依使用需求、選用材質而定
| 施工天數 | 依施作數量而定
| 適用區域 | 陽台、衛浴、廚房等需要用水的區域
| 適用情境 | 重新配置

黃金準則　排水尤須注意做出洩水坡度，給水注意冷、熱水管的材質選擇，同時冷熱水管的間距不能太近

水管工程包含給水、排水和糞管鋪設。會依照現場狀況規劃管線行走的最適路徑，一般來說，排水管的路徑會避免過多轉角，以防排水不順。由於管線大多是埋入壁面或地面，因此鋪設前需先放樣，再依照放樣切割打鑿，不可隨意亂打，對牆面或地面的破壞力才能減到最少。在鋪設給水管時，若是室內無水閥，建議可新增水閥，日後若水管有問題，在室內就可控制水管開關，無須再到頂樓水塔處關閉，避免誤關到其他戶的水管。糞管和排水管的施作，都需特別注意是否有抓出洩水坡度及各空間的地坪高差，才能讓廢水或排泄物順利排除。

給水管安裝施工順序 Step

施工前關閉總水開關　▶　施作水閥（室內無水閥的情況）　▶　放樣定位　▶　切割打鑿　▶　鋪設給水管　▶　試水

➕ 排水管安裝施工順序 Step

放樣定位 ▸ 切割打鑿 ▸ 鋪設排水管 ▸ 接落水頭（泥作工程時施作）

➕ 糞管安裝施工順序 Step

放樣定位 ▸ 切割打鑿 ▸ 鋪設糞管 ▸ 新糞管接回原排糞管 ▸ 安裝排氣管

⬡ 關鍵施工拆解

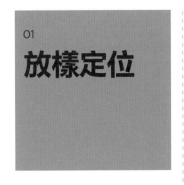

01
放樣定位

不論是給排水管或是配電管的配置，都需事前放樣定位，確認打鑿的位置，避免亂打牆的問題。若要講究，可先請設計師提壁面材分割計劃，會更美觀。

Step 1 全室定水平線

需事先確認完成面地板的高度，才能決定給排水管或配電管配置在地面時，是要向下打鑿還是平鋪在地面。因此事前需在全室牆面訂出水平線，從完成面地板開始計算，向上一定高度為基準水平線。

攝影／蔡竺玲 設計施工／今硯室內設計

Step 2 放樣給、排水管和糞管的位置

依現場放樣出給、排水管和糞管位置，在放樣時要計算出管線並排後的寬度。

📢 **注意！ 冷、熱水管間距不能太近**

冷、熱水管之間留出一定距離，避免冷、熱水管溫度相互影響。

攝影／蔡竺玲 設計施工／今硯室內設計

02
切割打鑿

先切割再打鑿，是避免大面積的破壞，讓牆面的破壞度降到最低。

Step 1 以機具切割

依照打樣的標記，以機具切割。可邊切割邊加水，降低切割時散佈的灰塵。

攝影／蔡竺玲　設計施工／摩登雅舍室內設計

Step 2 打鑿壁面

依切割的範圍打鑿。

攝影／蔡竺玲　設計施工／摩登雅舍室內設計

✕

📢 注意！　**適度超出切割線打鑿**

若是在壁面打鑿，可向左右再多打一些，適度形成不規則的曲線，事後配管完成後，不僅方便水泥砂漿填補，也能避免往後形成一直線的裂縫。

攝影／蔡竺玲　設計施工／今硯室內設計

03

鋪設給水管

可分成冷、熱水管，鋪排時須保持適當距離。若要重疊，冷熱水管之間也需有保溫材隔離。事前可確認使用的衛浴設備尺寸，避免管線位置不符。

Step 1 接管

鋪設冷、熱水管，接給水管主幹管及分支管，距主幹管越遠，分支管的直徑需相對縮小，以維持水壓。冷、熱水管之間保持適當距離，除了讓溫度不互相影響外，也方便日後維修。在冷水管使用 PVC 管的情況下，需於冷、熱水管的重疊處加上保溫材隔離。

攝影／蔡竺玲　設計施工／今硯室內設計

不鏽鋼壓接管以壓接頭施作密合。冷熱水管留出適當間距，方便日後機器進入施工。

Step 2 固定管線

管線以固定環固定，並以水泥砂漿定位，避免後續施工時工人行走踢到，導致管線移位。

攝影／蔡竺玲　設計施工／今硯室內設計

✕ 📢 注意！　冷、熱水管重疊，需以保溫材隔離

冷、熱水管交疊時，若此時的冷水管是 PVC 材質，熱水管的高溫，有可能會使 PVC 冷水管受熱而影響溫度，甚至損壞，因此建議冷、熱水管的交接處以保溫材隔離。

◇ TIPS：
完工後記錄存證
建議鋪設完後可做記錄，方便事後查詢。

04

鋪設排水管

排水管注重的是排水的順暢度，因此需有一定的洩水坡度，若遇轉角，需避免90度角接管。

Step 1 **接管**

鋪設時注意洩水坡度，管徑小於75mm時，坡度不可小於1/50，管徑超過75mm時，不可小於1/100。遇到轉角時，應避免90度角接管，才能確保廢水能確實通過轉角不堵塞。另外，若水平路徑過長時，應適當留設檢修口。

Step 2 **以水平尺確認傾斜角度**

鋪設時需時時以水平尺確認是否有達到一定的傾斜角度。

攝影／蔡竺玲 設計施工／令硯室內設計

此圖表示洩水坡度向左傾斜。

Step 3 **固定管線**

配管完成後，利用固定環固定，並以水泥砂漿定位，確實固定。

> ✕
> 📢 注意！　**若需烤管，管線的管徑不可過小**
> 若轉角的角度無法採用45度角，此時需利用烤管讓管線略微彎曲。但要注意的是，管線不可擠壓導致管徑變小，否則會造成堵塞情形，嚴重的話事後可能需拆除維修。

05

鋪設糞管

糞管和排水管相同,最注重排放的順暢,需注意洩水坡度,轉角處不可 90 度銜接。

Step 1 接管

糞管相接時,注意洩水坡度,轉角處以斜管相接,避免 90 度垂直銜接,導致堵塞問題。

拉出洩水坡度。　　　　　　轉角處避免 90 度相接。

攝影／蔡竺玲　設計施工／今硯室內設計

Step 2 鋪設排氣管

糞管與排氣管支管相接,並接到大樓的排氣主幹管。

Step 3 以水平尺確認傾斜角度

安裝完後,以水平尺確認是否達到一定的洩水坡度。

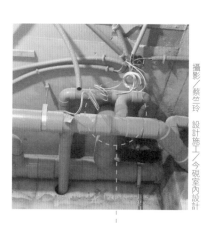

安裝排氣管。

攝影／蔡竺玲　設計施工／今硯室內設計

◇ TIPS：
特殊馬桶改以壁面出水
有些特殊型號的馬桶需採壁面出水,事前應先注意。

◇ TIPS：
安裝排氣管有利於虹吸式馬桶的排水
排氣管的作用除了可排除臭氣,若是想安裝虹吸式馬桶,也才能發揮吸力,避免排水不順。

✕ 📢 注意！ 衛浴若要移位,需架高地板藏糞管
當衛浴要移位時,常常會發現衛浴地板需架高,這是因為需維持一定的洩水坡度,再加上糞管管徑較寬,在不打地坪的情況下,需至少架高 15cm,才能隱藏糞管。

06

試水

水管工程施作完畢後，以壓力表測水壓，測試一小時，確認經高壓後不會造成洩水問題。

Step 1 **關閉水閥，出水口略微轉鬆**

將整戶的水閥關閉，各出水口略微轉鬆，使管內的水先洩光。

攝影／蔡竺玲 設計施工／今硯室內設計

Step 2 **連接機具，將管內空氣排出**

為了避免空氣壓力影響水壓測試，利用機具將管內的空氣排出，使測試達到精準。

Step 3 **打入水壓，建議需 5kg/cm²**

以機具連接水管，打入水壓，建議需有 $5kg/cm^2$ 的壓力，並測試一個小時。若想更謹慎，建議測試一晚較為適當。確認壓力表指針指到 $5kg/cm^2$ 時，在表上做記號，結束時再確認壓力是否有下降。

攝影／蔡竺玲 設計施工／今硯室內設計

Step 4 **確認是否有漏水**

巡視管線是否有漏水問題。若有，則再處理接縫或更換管線。

配電安裝

確認總用電負荷量

30 秒認識工法

| 優點 | 提供良好電路環境
| 缺點 | 若是設計不當，輕則跳電，重
　　　　則發生火災
| 價格 | 依使用需求、選用材質而定
| 施工天數 | 依施作數量而定
| 適用區域 | 全室適用
| 適用情境 | 重新配管

黃金準則　選擇適當安培數的匯流排配電箱，不宜高出總安培數過多，否則無法察覺電量問題

配電前，先要計算整體空間用電安培數是否足夠，並配置合格的匯流排配電箱，若是安培數不足，則需更換。一般來說，設計配電需求時，通常會一區使用同一迴路，例如客廳、餐廳分區使用，一條迴路不超過 6 個插座（此為 110V 的情況），像是廚具設備的用電量較大，則需獨立使用專門的迴路。但要注意的是，選用配電箱的安培數不可高於總安培數過多。一旦過高，即便用電超出負荷範圍，也不會跳電，使人無法察覺負電量的問題，久了電線可能會逐漸燒壞，最後引起走火情況，不可不慎。另外，衛浴、陽台和廚房等濕區的電線需配置漏電斷路器的無熔絲開關，一旦發生問題，就能即時斷電。

⬡ 強電安裝施工順序 Step

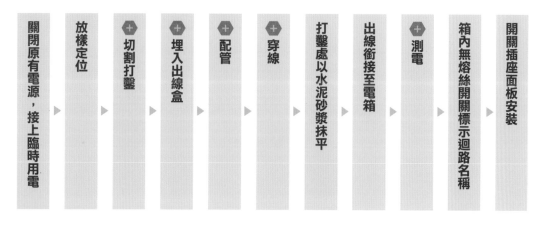

關閉原有電源，接上臨時用電 ▶ 放樣定位 ▶ ⬡ 切割打鑿 ▶ ✛ 埋入出線盒 ▶ ⬡ 配管 ▶ ✛ 穿線 ▶ 打鑿處以水泥砂漿抹平 ▶ 出線銜接至電箱 ▶ ✛ 測電 ▶ 箱內無熔絲開關標示迴路名稱 ▶ 開關插座面板安裝

✛ 弱電安裝施工順序 Step

出線口放樣定位 ▸ 切割打鑿 ▸ 埋入出線盒 ▸ 配管 ▸ 穿線 ▸ 打鑿處以水泥砂漿抹平 ▸ 出線銜接至弱電箱 ▸ 面板安裝

✛ 關鍵施工拆解

01 切割打鑿

和水管工程相同，先進行切割後再打鑿，避免亂打牆的情形。

Step 1 依照放樣位置切割

沿放樣記號進行切割，留出管線路徑和出線盒位置。

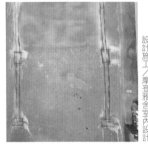

設計施工／摩登雅舍室內設計　攝影／蔡竺玲

Step 2 打鑿

進行打鑿。在出線盒位置的打鑿深度必須適中，太淺會使出線盒埋不進去。

設計施工／摩登雅舍室內設計　攝影／蔡竺玲

✕ 📢 注意！ **埋地的出線盒需計算完成面地板的高度**

若是在地面預設插座，在打鑿出線盒位置時，就要計算完成面地板的高度，反推需向下打鑿多深。

計算完成面的高度後打鑿。

設計施工／今硯室內設計　攝影／蔡竺玲

02
埋入出線盒

埋出線盒時,要注意並列的出線盒水平、進出是否一致。

Step 1 **調和水泥砂漿**

混合水泥砂漿,作為出線盒的黏著劑。

Step 2 **浸濕後塗抹水泥砂漿**

埋入處先浸濕,再抹上水泥砂漿。這樣的作法能讓水泥砂漿與水產生水化作用,出線盒就更穩固不易脫落。

攝影／蔡竺玲　設計施工／今硯室內設計

Step 3 **埋出線盒**

抹上水泥砂漿,放入出線盒。出線盒與牆面的空隙處再補上水泥砂漿。

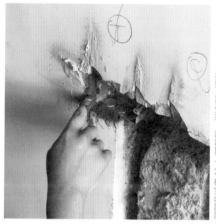

攝影／蔡竺玲　設計施工／今硯室內設計

Step 4 **調整水平、進出**

利用量尺調整出線盒的水平和進出。若為並列的出線盒,每個水平需達到一致,完工後才能看起來平整。

◇ TIPS：
多增設一個備用
建議設計時,可多設一個預埋出線盒,作為日後擴充使用。

03

配管

電管路徑不可有太多彎折，配完管後須馬上固定，避免位移。安裝完時，記錄留存。

Step 1 沿打鑿處配管

管線穿過出線盒，沿打鑿處配置。

設計施工／今硯室內設計　攝影／蔡竺玲

Step 2 固定

利用管線固定環固定，以水泥砂漿定位。

設計施工／今硯室內設計　攝影／蔡竺玲

✕ 📢 注意！ **配管時，不超過 4 個彎為佳**

配置電管路徑時，以不超過 4 個彎為佳，否則電線抽拉會較困難。

✕ 📢 注意！ **暗管選用 CD 硬管，明管選 PVC 管**

埋入牆面或地面的電管，建議選用 CD 硬管，較能耐壓且不易損壞。若是裸露的明管，則可選用 PVC 管或 EMT 管。另外，在燈具電線的出線處則可使用軟管，較軟的材質方便調整拉線。

燈具出線選用 CD 軟管較方便調整。

攝影／蔡竺玲　設計施工／今硯室內設計

04
穿線
（強電和弱
電）

配合管徑大小穿入適當電線數量，不可穿入太多造成電線散熱不良。

Step 1　穿入弱電電線

弱電有電話線、網路線、電視線、數位 HDMI，依使用區域將所需的電線固定在一起，穿入管線。

攝影／蔡竺玲　設計施工／今硯室內設計

Step 2　穿入強電電線

火線、中性線和地線綑綁在一起後固定，穿入管線，同時接地線必須接妥。

Step 3　電線上做標記

出線口的電線做上標記，方便後續施工者確認。

◇ TIPS：
依照電壓選用合適的電線
電壓 110V 的選用線徑 2.0 的電線；220V 的可選用線徑 2.0、3.5 或 5.5 平方絞線，5.5 平方絞線的電流負載率較高，較不會引起電線走火。

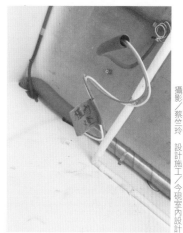

攝影／蔡竺玲　設計施工／今硯室內設計

05
測電

插座處利用電表測試，燈具則接上燈泡確認。

Step 1　測電

與電箱接電後，利用電表測試。若有並列的插座，通常是同一個迴路，測試最側邊的插座就可確定整條迴路是否通電。燈具線路則接上燈泡測試是否有亮即可。

攝影／蔡竺玲　設計施工／今硯室內設計

水電監工要點

注重配管材質和排水問題

水電工程向來是裝修的重要基礎，一旦有問題，小則漏水、大則電線走火，危及生命安全，因此不可不慎，建議在施工階段可到工地監工確認。

埋壁的電管不可用 CD 軟管。

攝影／蔡竺玲　設計施工／今硯室內設計

➕ 建材檢測重點

1 確認品牌、管徑大小是否符合

不論是電線或水管，建議使用有信譽的品牌，同時選用適當的管徑，像是水管的分支管有一吋、6 分、4 分等，要注意，分支越遠，管徑要越小。開關插座燈具出線是110V 的，需用線徑 2.0 的電線，若是 220V 的，需用線徑 2.0 或是 3.5、5.5 平方絞線，才具有足夠的負電量。

2 熱水管需選用不鏽鋼材質

由於熱水管的溫度較高，因此需選用不鏽鋼材質，不可選用 PVC 管，避免高溫損壞。另外，經過漫長管路或是冷熱水管交疊處，有可能會使熱水管的溫度降低，因此市面上還有外覆保溫材的不鏽鋼管，可維持一定的溫度，若有預算可選用。

3 電線的暗管需用 CD 硬管

電管有 CD 硬管、PVC 管、EMT 管，一般埋入地面或牆面的管線，需使用 CD 硬管，不可用 CD 軟管，這是因為填補水泥砂漿後，有可能會壓迫管線，因此管線需有一定的硬度。避免造成電線散熱不良以及難以抽換的情形。

4 水槽的排水應選用有存水彎的水管

排水系統應裝存水彎，水封深度不得小於 5cm，不可大

於 10cm，能有效阻止空氣及其他氣體反向通過，也能阻止蟲類進入。

5 濕區選用不鏽鋼出線盒

出線盒有鍍鋅或不鏽鋼材質，在衛浴、廚房等濕區建議選用不鏽鋼的出線盒。

鍍鋅材質的出線盒在濕區使用，容易有生鏽問題。

✛ 完工檢測重點

水管安裝

1 確認洩水坡度和轉角角度

利用水平尺確認排水管、糞管是否有達到一定的洩水坡度。同時，排水支管的角度不可以 90 度銜接，才能確保排水順暢。

2 依照情況加裝減壓閥或加壓馬達

超過 10 樓的樓層需加裝減壓閥，這是因為從地面算起，每高 10m，水壓會增加 $1kg/m^2$，為了避免水壓過高，需加裝減壓閥。另外，水壓不足 $1kg/m^2$ 的狀況下，則需使用加壓馬達。

3 不鏽鋼壓接管確認壓接痕跡

使用不鏽鋼壓接管時，壓接後會在表面留出痕跡，監工時可注意是否有壓接痕跡來確保接合完全。

4 安裝後需確實固定

配完管後，為了確保管線不會因工人而移動，因此需以固定環安裝後，再以水泥砂漿固定。

配電安裝

1 濕區裝設漏電斷路器

為了安全起見，廚房、衛浴

攝影／蔡竺玲 設計施工／今硯室內設計

確認不鏽鋼壓接管的壓接痕跡，確保壓接是否確實。

等濕區的迴路必須加上漏電斷路器，才能避免發生危險。

2 電線配置不可超過 4 個彎

電管的配置路徑建議避免產生 4 個以上的轉角，否則難以抽拉換線。另外，若是有多組電線交集時，建議可用集線盒相接，避免轉角產生之餘，也能讓線路排列得整齊俐落。

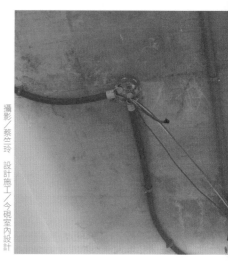

攝影／蔡竺玲 設計施工／今硯室內設計

利用集線盒讓多組電線交集。

3 管線纏繞線圈，作為路徑標記

為了防止木地板施工不慎打壞管線，在鋪上水泥砂漿之前，可先用線圈纏繞管線，做出路徑的記號，提醒後續工程的施工者小心注意。

常用管材介紹

依區域選擇適用管徑和材質

依照用途選擇適合的給、排水管材質和管徑。另外,依照使用的區域,像是廚房、衛浴等濕區選用不鏽鋼材的集線盒,較能耐潮防鏽,因地使用適合材質。

PVC 管／CD 管

| 適用區域 | 全室適用
| 適用工法 | 水管、配電安裝
| 價　　格 | 依使用需求、材質而定

特色

水管和電管雖都為 PVC 材質,但管徑、管壁厚度、外觀皆不相同。除了熱水管之外,排水、糞管等大多使用 PVC 管。一般給水管的管徑有分一吋、6 分、4 分管;排水管則多使用 1 吋半、2 吋管徑。一般來說,越靠近主幹管的給水管選用管徑越大、管壁越厚的,較能耐水壓。另外,CD 電管有分硬管和軟管,埋進牆面的管線要用硬管,建議不可用軟管,避免管線受到擠壓,而造成電線難以散熱。但在燈具出線口的地方可用 CD 軟管,當天花板封板後,安裝燈具時較方便移動拉扯。

給水管　　排水管　　排水管

PVC 管

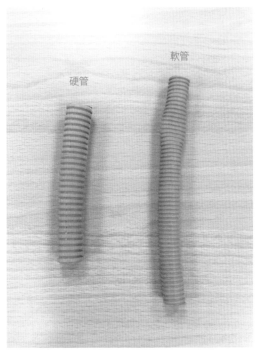

硬管　　軟管

CD 管

攝影／蔡竺玲

挑選注意　　　　　　由於軟硬電管的外觀相似，建議可壓壓看確認軟硬度，可壓折
的為軟管。另外並確切將水用和電用管線分開，避免誤用。

施工注意　　　　　　接管時要注意是否有縫隙，在試水時可觀察水管各接點是否有
漏水的問題。另外安裝完後建議以水泥砂漿固定，才能確保水
管不會移位。

攝影／蔡竺玲

不鏽鋼管

| 適用區域 | 全室適用
| 適用工法 | 水管安裝
| 價　　格 | 依使用需求、材質而定

特色

一般來説，熱水管建議使用不鏽鋼材質，主要是因為不鏽鋼管具有耐熱、防鏽的特性，也能耐住水泥砂漿的腐蝕。同時，在給水的過程中，熱水經過漫長的水管路徑，溫度可能會因而下降，因此在有預算的情形下，建議可選擇有包覆保溫材質的不鏽鋼管，維持一定的水溫，確保良好的用水品質。

挑選注意

確認不鏽鋼管的品牌、出廠日期，才有品質的保證。另外，也要確認管壁厚度是否有達到使用標準。

施工注意

接合不鏽鋼管可用壓接頭或車牙機施作，兩者都能完整接合，差別是在於壓接方式較為簡易快速。另外，為了避免熱水管的高溫會損壞冷水管的材質，冷、熱水管的交接處，務必要以保溫材質隔離。

攝影／蔡竺玲

電線／出線盒

｜適用區域｜全室適用
｜適用工法｜配電安裝
｜價　　格｜依使用需求、材質而定

特色

電線可分成弱電和強電使用的。一般電線有火線、中性線、接地線，需依照電壓選用適合的線徑，110V 的需選擇線徑 2.0 的，220V 可使用線徑 5.5 的絞線。另外，弱電有電話 8 芯、網路線、電視線和數位 HDMI 線。除了選擇適用的電線外，也要注意出線盒的材質選用，一般有分成鍍鋅和不鏽鋼材質，客廳、餐廳、臥房等使用鍍鋅材質即可，但在廚房、衛浴、陽台等容易有水的地方，建議選擇不鏽鋼的出線盒較為安全。

挑選注意

濕區選用不鏽鋼材質的出線盒，防鏽的特性能避免水氣進入，影響到內部的電線。不鏽鋼的出線盒上有標示 304 的記號，可依此作為挑選的依據。

施工注意

穿入電線前，要先將火線、地線和中性線，綑綁在一起後，一併穿入電管。若有多組電線，務必在拉線時標註名稱記號，方便後續的施工。

3

樓梯

首重結構穩固安全

在複層空間中，樓梯是必備的設計！除了讓垂直空間透過樓梯動線得以串聯，一支設計得宜的樓梯，更能化解煩悶的上下樓時光，創造人與人、人與空間的互動與交流。本單元介紹木梯和鐵梯的施作工法及流程，只要結構設計與施工得宜，兩種材質的樓梯都穩固可靠，差別在於想要呈現的效果和預算。但因牽涉到結構與居家安全，樓梯從龍骨、踏面、轉折平台、扶手等等銜接面的強度要夠，若要兼顧美觀，就要留意收邊細節。

專業諮詢／木易樓梯扶手、奇逸空間設計

⊕ 常見施工問題 TOP 5

TOP 1 樓梯才完工不到半年，下樓梯時踏板竟然在搖晃，會不會塌下來啊？（解答見 P.061）

TOP 2 才找人來更換扶手，走樓梯跌倒扶一下居然就斷了，怎麼回事？（解答見 P.062）

TOP 3 新完工的樓梯，走起來都會碰碰碰有聲響，有辦法改善嗎？（解答見 P.061）

TOP 4 媽媽抱怨新做好的樓梯走起來很累不舒適，到底是哪裡出了問題？（解答見 P.059）

TOP 5 朋友來家裡作客，看了樓梯就説這不吉利，才剛入厝心裡就有疙瘩。（解答見 P.059）

⊕ 工法一覽

	木梯施工法	鐵梯施工法
特性	現場測量放樣後在工廠製作備料，較少在現場製作。實木有熱漲冷縮的特性，故每個部件的銜接要以粗牙螺絲確實旋緊	結構通常在工廠就已焊接組合，除非是量體過大無法運入室內，才會在現場焊接，須注意工地管理避免火花碰到易燃物
適用情境	夾層、樓中樓、木屋	夾層、樓中樓、透天
優點	👍 **最自然** 木紋天然，能營造溫潤的空間質感	👍 **有造型** 施作快速，好保養
缺點	考量強度，結構與板材須達一定厚度，視覺感受較為厚實	踏面和扶手的接合處收邊不夠細緻的話，容易看起來粗糙廉價
價格	依設計而定，通常樓梯本體結構與扶手是分開報價，結構材、踏階、扶手、欄杆材質、是否為便品或訂製，都會影響價格	

※ 本書記載之工法會依現場施工情境而異。
※ 施工價格僅為參考，實際價格會依市場浮動而定。

木梯施工法

工廠備料現場安裝有效率

黃金準則 — 尺寸測量放樣要確實，安裝時粗牙螺絲確實旋緊

樓梯結構多種，以實木作為結構材的樓梯大多會有單龍骨、雙龍骨兩種形式。單龍骨梯踏階若雙邊都沒有靠牆，長期承受人體上下樓產生的力道，容易搖晃不穩，因此建議不論是單龍骨或雙龍骨木梯，最好有一側的踏板與牆面接合，或是最上面那一踏的踏面與牆壁接合，以增加踏板的強度及穩定性。樓梯和扶手的木工要處理斜面與轉折角度，加上樓梯要承受一定的上下樓時的重力衝擊，故細部工法上一般裝潢木工較不熟悉，時常發生使用鐵釘或釘槍接合導致強度不足損壞的情形，建議使用粗牙螺絲或雙牙螺絲確實旋緊固定，增強零件之間的摩擦力。木扶手的厚度建議不得小與6cm，否則與欄杆銜接的深度過淺，容易脫開發生危險。

+ 木梯施工順序 Step

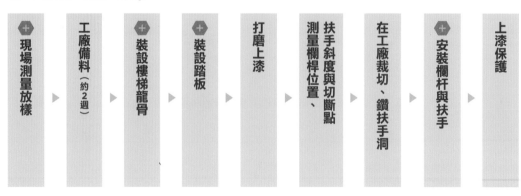

現場測量放樣 ▶ 工廠備料（約2週）▶ 裝設樓梯龍骨 ▶ 裝設踏板 ▶ 打磨上漆 ▶ 測量欄杆位置、扶手斜度與切斷點 ▶ 在工廠裁切、鑽扶手洞 ▶ 安裝欄杆與扶手 ▶ 上漆保護

➕ 系統櫃梯施工順序 Step

現場測量 ▶ 工廠備料 ▶ ➕安裝系統櫃梯

➕ 關鍵施工拆解

01
現場測量放樣

樓梯總踏數要為奇數，風水有此一說：奇數為陽，雙數為陰，故陽宅樓梯要為奇數。踏階高度通常為 16 ～ 18cm，深度為 25 ～ 30cm，走起來才舒適。

Step 1 測量樓高與樓梯間長度

以量尺測量扣掉樓板厚度的樓高，以及樓梯間的長度。

圖片提供／木易樓梯扶手

Step 2 計算踏階數量與踏階深度

樓高 ÷ 單階高度 = 總踏數
樓梯間長度 ÷ 總踏數 = 踏階深度

◇ TIPS：
踏階深度不足的解決之道
若是樓梯間長度有限，導致踏階深度不足，此時可讓踏階之間部分重疊，爭取踏階的深度。

裝設樓梯龍骨

龍骨為支撐樓梯的主要骨架，因此一定要確實固定，並掌握「固定兩點」的原則，才不會發生搖晃轉動的情形。

Step 1 地面鎖進雙牙螺絲，將龍骨下端置入

鎖進雙牙螺絲後，要再上膠，龍骨下端的孔洞也要上膠，增加接合力。

圖片提供／木易樓梯扶手

Step 2 龍骨開洞鎖螺絲逼緊固定於牆面

除了下端接合，側邊也要開洞鎖螺絲，以「固定兩點」為原則。

圖片提供／木易樓梯扶手

Step 3 龍骨板料上端鎖三支螺絲固定於轉折平台

中間螺絲固定後，以水平尺確定骨架垂直，再固定上下兩支螺絲。單邊龍骨固定後，再固定另一邊。

圖片提供／木易樓梯扶手

03
裝設踏板

踏板表面要開溝槽增加行走時的摩擦力,避免滑倒。除了上膠黏合,更要以螺絲固定,不建議使用釘槍,因木料會伸縮,日久容易產生間隙鬆動。

Step 1 調整踏板與牆壁接面

踏板在工廠做好裁切加工,但若水泥牆面抹得不夠平整,現場以電刨微調踏板側面,讓板料能貼合牆面。

圖片提供╱木易樓梯扶手

Step 2 在骨架上膠

在骨架接合面塗上白膠。

圖片提供╱木易樓梯扶手

Step 3 將踏板用螺絲鎖在骨架上

確實使用足長的螺絲旋緊。

圖片提供╱木易樓梯扶手

Step 4 用木粉和膠填補螺絲孔洞

較小的螺絲孔洞,以木粉和膠混合填補,再打磨平整。

圖片提供╱木易樓梯扶手

◇ TIPS:
中段踏階加強固定

只要在中間的那片樓梯踏板與牆面再多鎖一支螺絲加強固定,讓牆面拉住中段的力量,這樣樓梯的前中後都有足夠的穩固度,樓梯走起來也會紮實不易有聲響。

圖片提供╱木易樓梯扶手

安裝欄杆與扶手

欄杆和扶手攸關安全，因此選料和安裝時要注意銜接的尺寸要足夠，欄杆或扶手過細，可能導致接合處過淺強度不足容易鬆脫。

圖片提供／木易樓梯扶手

Step 1 踏面開洞植筋或鎖雙牙螺絲

植筋或鎖雙牙螺絲取決於強度和預算，雙牙螺絲強度較植筋高，但工時與材料費用也相對較長較高。

圖片提供／木易樓梯扶手

Step 2 欄杆底部孔洞上膠插入植筋或雙牙螺絲

欄杆底部和植筋處都要上膠，增加接合密度。

圖片提供／木易樓梯扶手

Step 3 扶手裝在欄杆上

將扶手依照開孔安裝在欄杆上。

圖片提供／木易樓梯扶手

Step 4 扶手接合處以螺絲銜接

扶手斷點與轉折處，要鎖螺絲逼緊密接。

圖片提供／木易樓梯扶手

Step 5 扶手螺絲孔以圓木片填補

螺絲孔洞塞入圓木片，再打磨平整。

圖片提供／木易樓梯扶手

05

安裝系統櫃梯

如果不以結構方式裝設樓梯，以櫃子作為支撐是一種結合收納的樓梯設計，多半用於夾層。

Step 1 系統櫃裝設調整腳

在每個系統櫃下方安裝調整腳。

攝影／蔡竺玲 設計施工／日作設計

Step 2 調整伸縮腳長度

依照測量的高度、圖面，調整每層櫃子的調整腳長度，力求水平一致。

攝影／蔡竺玲 設計施工／日作設計

Step 3 將櫃子夾合打洞鎖上螺絲

櫃體接合處先以工具夾緊再打洞，避免產生誤差。

攝影／蔡竺玲 設計施工／日作設計

Step 4 裝設踏板

櫃子都以螺絲鎖緊後，再裝設踏板。

攝影／蔡竺玲 設計施工／日作設計

Step 5 裝設樓梯背板

櫃子背面安裝一條木條，上膠於木條上，並以螺絲將背板固定於木條處。

攝影／蔡竺玲 設計施工／日作設計

金屬梯施工法

造型多變可粗獷可細膩

30 秒認識工法

| 優點 | 造型多變，視覺感受輕盈
| 缺點 | 視採用金屬與造型，為訂製品價格較高
| 價格 | 依設計而定，通常樓梯本體結構與扶手是分開報價，結構材、踏階、扶手、欄杆材質、是否為便品或訂製，都會影響價格
| 施工天數 | 1～2 天，不含放樣、備料時間
| 適用區域 | 挑高屋或室內外空間

黃金準則　防鏽要做確實，焊接點須磨平修邊

鋼構不外乎用鋼鐵材質，可分為不鏽鋼、鐵製或特殊金屬等，踏板可分為滿板式的或者透空龍骨結合木踏板、或鋼板式的，不論哪一種都要考慮到結合力與支撐力要足夠。相對其預算成本隨著設計造型以及材質造型而有不同，價格上因此有相當大的差距，但也可藉此看到設計師的創意與工班的功力。需注意結構上與使用的動線與安全，勿一味追求美的觀感而疏忽安全與人體工學。鋼構樓梯多運用在挑高屋或者室內外空間，樓層與樓層之間的穿透與建築造型使用。另外，要注意金屬價格的波動，避免時間差距而造成過大的價差。

＋ 金屬梯施工順序 Step

現場測量，計算力學承重確認厚度及是否需斜撐加強　▶　工廠備料（約2週～1個月）　▶　裝設樓梯龍骨　▶　＋ 打磨焊接點、補漆　▶　裝設踏板（若為金屬踏板則省略本步驟）　▶　測量欄桿位置、扶手斜度與切斷點　▶　在工廠進行扶手加工　▶　安裝欄杆與扶手

＋ 懸臂式金屬梯施工順序 Step

現場測量，計算力學承重確認厚度及是否需斜撐加強　▶　工廠備料（約2週～1個月）　▶　＋ 牆面植筋，安裝踏板的結構體　▶　裝設踏板及斜撐　▶　＋ 打磨焊接點、補漆　▶　安裝欄杆與扶手

✛ 關鍵施工拆解

01
打磨焊接點、補漆

Step 1 **確認銜接點是否焊滿**

需要承重的結構或是鐵板銜接鐵管，就一定要滿焊，避免銜接處裂開。

Step 2 **以打磨機拋光焊接點**

每個焊點或焊道都要磨平。尤其是轉角或是有特殊造型的構件，需特別注意表面是否有修平順。如為烤漆處理要補漆。

02
牆面植筋，安裝踏板的結構體

Step 1 **在 RC 牆面鑽孔**

鑽孔要注意孔的大小、深度及位置。孔太小植筋膠填充量太少，會影響握裹力。孔太淺無法發揮預期的握裹力，但過深對增強拉力也沒有幫助。孔的位置要合理分配，鑽到鋼筋要重新找位置鑽孔。

Step 2 **清孔**

把殘留在孔洞內部的混凝土粉塵清乾淨，讓植筋膠確實與混凝土黏著。專業植筋會使用空氣壓縮機將粉塵噴吹出來。

Step 3 **灌注植筋膠**

用植筋槍把植筋膠注入孔內，由於植筋膠有兩劑，混合時會迅速固化，因此第一注和最後一注最容易失敗，要特別留意。

Step 4 **將鋼筋轉入**

用旋轉的方式將鐵緩慢轉入孔內，此舉在消除混凝土和植筋膠之間孔隙和氣泡，並增強鋼筋和植筋膠的密合度。

Step 5 **用手拉拔測試是否牢固**

徒手拉每根植上的鋼筋看是否牢固，若能用手能拉出來表示植筋失敗要重來。拉拔測試通常在 40 分鐘後進行，通常植筋膠罐子會標明固化時間；視溫度而定約 5 ～ 40 分鐘。

Step 6 **將老化水泥清乾淨**

在植筋位置周邊的老化水泥要確實清理乾淨。

樓梯監工要點

接合材料與方式決定強度

不論是哪種材質的結構體、踏階或扶手,都要注意材質間的銜接材料與接合方式是否穩固合宜。樓梯開口為無牆面設計,要做扶手比較安全,甚至連雙面都是牆壁的樓梯,最好也要在單側設置扶手,加強行走時的安全性,同時也要注意梯間寬度。

圖片提供／木易樓梯扶手

木梯能呈現樹材紋理之美,選紋路時避免過分混用造成視覺干擾。

✛ 建材檢測重點

1 側踏板與樓梯紋路應相同

樹種材質不同對應的價位也不同,因此選擇時要考量預算。施工前要確定木材表面紋路為直紋或山形紋,側板與踏板的紋路最好統一,避免過度混用。

2 木材要做乾燥處理

確認材料是否做過適當的乾燥處理,以吻合現場的濕度。

3 樓梯與柱結合方式要先確認

板與板或與柱之間的結合方式,是要用接榫方式還是螺絲鎖合。螺絲也分種類,需事先確認,不同的結合方式及五金選用,都會反映在成果細緻度、穩固度與價格度上。

4 剖面檢視是否為仿木染色

選購前要確認有無仿製的材質,以廉價木材經染色塗裝冒充高級木材。剖面或泡水即可得知。

5 染色應再三確認

如木梯表面需染色處理時,要確認染色顏色是否可與室內的整體色系相搭配,染色前屋主、設計師或工班要進行確認。

6 確認板子厚度、荷重性

要慎選板子厚度,施工前一定要確定厚度,避免造成成本追加的問題。另外木材本身的韌性、荷重性夠不夠樓

梯的支撐，也要考慮人、物進出時的載重是否足夠。

7 若有裂材或蛀洞應換貨

木材的表面要避免裂材與蛀洞的情況，或其他影響結構與表面美感的問題。

➕ 完工檢測重點

木梯

1 樓梯板與板或柱面結合應美觀

確定樓梯板與板或柱面結合方式，螺絲結合用釘子結合或是接榫式結合，工法可同時交互使用，同時也要確定整體美觀與結合力都要足夠。

2 應刨光或導角修飾

木材表面的處理比如刨光或導角，其精緻度要確實。

3 應上漆打底加強耐用度

上漆打底要經過溝通確認，底漆與面漆的塗裝次數若足夠，能達到一定的光滑度及耐用度。

4 轉角式踏板注意無翹曲現象

如有轉角式的踏板，由於板面過大的關係，容易造成板與板之間的裂縫或翹曲情況，要慎重確認結合方式。

金屬梯

1 檢視樑下與樓梯處是否結合好

注意樑與樓板的高度避免撞擊點，樑下與樓板處是否確實結合。

2 高度計算要確實

如果兩個空間有不同的地面處理，比如一樓是地板、二樓是磁磚，要先確定兩層地面的水平線高度，計入為樓板高度，與現有的高度整合計算。

3 預留鎖合空間

龍骨式樓梯是否以螺絲鎖合木製踏板，要預留穿孔與鎖合空間。且螺絲要確認平頭或圓頭的螺絲，使用時要注意，並考量美觀問題。

4 踏板厚度要夠

踏板的材質不同，處理與加工方式也不同，要與設計師、工班確認施工方式，最好事先經過圖面說明以及材質確認。同時木踏板厚度也要足夠，至少需 3cm 以上，如果表面使用的是磁磚或石材，鋼板的厚度以及支撐力要夠。

5 龍骨與樓板間的鎖合要確實

龍骨本身與樓板和樓板間的結合點要確實鎖合固定，避免產生晃動與鬆脫的情形。在上下樓梯時，應避免在上面跳躍以免造成螺絲鬆動與焊接點的脫離。

6 鋼材厚度要有 5mm

樓梯本身的鋼材厚度要確認，至少要有 5mm 以上，可視現場載重考慮增加厚度。

除了踏板厚度夠之外，並以反摺和斜撐加強結構。

7 焊接點應磨平

樓梯的焊接點要磨平與修邊處理，油漆與烤漆修補時要確實，維持表面平整與光滑的美感。

8 過長且兩側無靠牆的樓梯要支架

過長的樓梯且兩側無靠牆的情況下，依照結構需求，可適時在底下做支撐底架，測出垂直點之後要確認是否有垂直。

9 預留扶手位置

如果有扶手，要確認踏板空間是否留足支撐扶手的位置。

10 側板封板美不美觀

樓梯側板的樣式要考慮是否美觀，需不需要做二次表面加工，如木作封板。

樓梯材質介紹

結構踏板扶手彼此搭配

樓梯分為結構材、踏面材和扶手欄杆材料三部分。結構多為 RC、木材或金屬；踏階多半為木材、石材、金屬、強化玻璃、壓克力等；扶手則有金屬、木頭、玻璃或混合材等。

實木

| 適用區域 | 結構、踏板、扶手
| 適用工法 | 木梯
| 價　　格 | 依使用樹種而定

特色

實木是指以整塊原木所裁切而成的素材，天然的樹木紋理不但能讓空間看起來溫馨，更能散發原木天然香氣，而木材經過長時間的使用後，觸感就變得更溫潤，因此受到大眾的歡迎。木材能吸收與釋放水氣的特性，可以將室內溫度和濕度維持在穩定的範圍內，常保健康舒適的環境。

圖片提供／木易樓梯扶手

挑選注意
結構材多用松木,踏階則以硬木為主,如橡木、柚木,除了整塊運用也有集成拼接實木板。也可透過加工如以鋼刷做出風化效果的紋路,或是染色、刷白、炭烤、仿舊等處理,製造各種效果。

施工注意
由於實木是具生命力的材質,會因溫度濕度變化變形,因此接合處務必使用粗牙螺絲,不可使用鐵釘或釘槍。螺絲孔洞可用木粉或木片填補修飾,最後再上保護油或保護漆。

圖片提供／奇逸空間設計

金屬

| 適用區域 | 結構、踏板、扶手
| 適用工法 | 木梯、金屬梯
| 價　　格 | 依設計和加工方式而定

特色

主要有鐵材、不鏽鋼以及鋁等非鐵材質。金屬韌性強，可凹折、切割、鑿孔或焊接成各式造型。此外，金屬為了防鏽，表面多半會做各式處理。除了噴漆，還有各種電鍍加工，來產生不同質感與顏色。近年來復古風盛行，不少人也將金屬表面做鏽蝕的處理，呈現斑駁紋理之美。鐵材是鐵與碳的合金，另含矽、錳、磷等元素。依外觀顏色而概分為「黑鐵」與「白鐵」。大部分的金屬，表面皆呈現白金屬色澤。像是不鏽鋼由於較能防鏽、可長時間維持原有的金屬色，故俗稱「白鐵」。像是鑄鐵、熟鐵等，則就是「黑鐵」。

挑選注意

雖說鐵板的承重力遠比木作為佳，但為了安全起見，像是樓梯等需要高度承重者仍宜選用厚板來打造。鐵板厚度從 1.2mm ～ 3cm 皆有。打造樓梯踏步最好選用厚度至少 5mm 以上，以免日久變形。

施工注意

鐵件的焊接，通常比較適合電焊。雖然氬焊的熔接面（焊道）較小，電焊的會比較大而導致要花較多時間來磨光；但焊道較小的銜接面容易因外力而產生裂痕，故電焊的工法會比較穩固。

圖片提供／奇逸空間設計

玻璃

｜適用區域｜踏板、扶手
｜適用工法｜木梯、金屬梯
｜價　　格｜NT.500 ～ 4,000 元／才（連工帶料）

特色

玻璃分為全透視性和半透視性兩種，能夠有效地解除空間的沉重感，讓住家輕盈起來，運用在空間設計的有：清玻璃、霧面玻璃、夾紗玻璃、噴砂玻璃、鏡面等，透過設計手法能有放大空間感、活絡空間表情等效果；此外還有結合立體紋路設計的雷射切割玻璃、彩色玻璃等。

挑選注意

做扶手的清玻璃，最好和隔間用的一樣，選擇玻璃厚度為10mm，承載力與隔音較果較佳。

施工注意

檢查有無破損，因此先從中距離看整體完整性，接下來近距離看四周邊角的完整，要做到沒有破損、牢固平整才行。

4

磚材

首重水泥比例和放樣精準

磚材，是室內裝修最常運用的材質，施工方法包括硬底施工、軟底施工，鋪設在牆面一定是採取硬底施工法，確保穩固的黏著性，施作於地面則是兩種工法皆可，一般會建議尺寸越小的磁磚使用硬底施工，尺寸越大的磁磚則是軟底施工，而不論哪種工法，切記貼磚必須要留縫保有熱脹冷縮的空間，避免發生膨脹脫落現象。

專業諮詢／大晴設計、久寬磁磚、王本楷空間設計、日作空間設計、今硯室內設計

✛ 常見施工問題 TOP 5

TOP 1 剛貼完的磁磚竟然有不平整凸起的問題？！（解答見 P.075）

TOP 2 怎麼會磁磚貼完沒有對齊？居然有些是貼歪的？！（解答見 P.077）

TOP 3 才裝潢完一年的時間，地板磁磚怎麼會膨脹脫落了？！（解答見 P.079）

TOP 4 浴室轉角的磁磚居然沒有收邊？！這樣安全嗎？！（解答見 P.077）

TOP 5 搬進來不到幾個月，磁磚縫隙居然變黃了？！（解答見 P.081）

✛ 工法一覽

	硬底施工法	軟底施工法
特性	為常見的施工方式，牆面貼磚一定是採用此工法，先以水泥砂漿打底再貼磚，打底前的放樣相當重要。	屬於地面貼磚的施工方式，無須打底，直接將調好的水泥砂漿鋪平，便開始貼覆磁磚，無須等待水泥養護陰乾的時間。
適用情境	磁磚尺寸小於 50×50cm	軟底濕式：30×30cm、50×50cm 的磁磚 軟底乾式：60×60cm 的磁磚
優點	磁磚較易附著且平整度佳	施作速度快　👍 **最快速**
缺點	1 價格較高 2 施作時間較長　👍 **最平整**	1 附著力略差，易發生膨共現象 2 師傅的平整度調整技術要求很高
價格	水泥砂漿地坪打底，NT.3,000 元／坪；30×60cm 磁磚貼工，NT.3,500 元／坪（含接著劑，不含料）	NT.2,500 ～ 3,500/ 坪（不含料）

※ 本書記載之工法會依現場施工情境而異。

※ 施工價格僅為參考，實際價格會依市場浮動而定。

硬底施工法

施作工時較長、完成厚度薄

黃金準則 放樣、打底要確實，才能貼得平整好看

是最標準的磁磚施工法，壁磚施作只能用硬底施工，因為垂直的牆面無法附著半乾濕的水泥砂漿，地磚則是小於 50×50cm 的磁磚才會使用此工法。施作流程是先測量出水平基準線，再用水泥砂漿以鏝刀抹平打底，等全然乾燥之後進行防水，再繼續等待乾燥就能以黏著劑或水泥漿將磁磚黏貼上去，硬底施工最重要的是放樣要非常準確，過程中至少會經過 3 次的確認，才能讓後續的打底平整，如果這兩個步驟沒有確實執行，最終會影響牆面、地面的平整度，而黏貼的時候，必須在磁磚背面和粗面打底層皆均勻塗抹黏著劑，避免產生空心的情況。

✚ 施工順序 Step

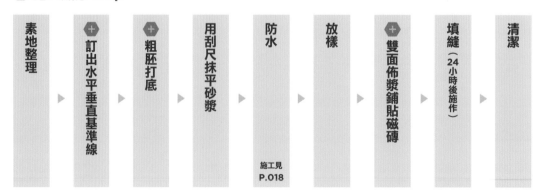

素地整理 ▶ ✚ 訂出水平垂直基準線 ▶ ✚ 粗胚打底 ▶ 用刮尺抹平砂漿 ▶ 防水 施工見 P.018 ▶ 放樣 ▶ ✚ 雙面佈漿鋪貼磁磚 ▶ 填縫（24 小時後施作） ▶ 清潔

✦ 關鍵施工拆解

01
訂出水平
垂直基準線

水平放樣是硬底施工最重要
的第一個環節，也是磁磚貼完
品質好壞的關鍵，一旦沒有抓
好水平、稍有誤差，師傅貼工
再好也沒用，也因此水平放樣
步驟相當花時間，以兩間衛浴
來說，甚至得費時兩天左右。

Step 1 **雷射儀測量基準線**

水平放樣要確認牆面、地面有無
歪斜，確認好之後，牆面以棉繩、
鋼釘固定位置，如果是地面抓水
平，通常是在尺上作出標刻度，
再用刮尺刮出一條一條的基準線。

圖片提供／王本楷空間設計

Step 2 **貼灰誌**

棉繩拉好後，以水泥漿沾灰誌，
固定在棉繩上，作為日後粉平牆
壁的厚度及垂直面基準點。通常
灰誌為1平方公尺的範圍貼1個。

圖片提供／頑石設計工坊 李松柏

✕ 📢 **注意！** **基準線有誤差，磁磚貼不平**

棉繩固定完成基準線之後，必須
再次使用雷射儀確定水平線是
否一致，因為將來泥作打底的厚
度是以棉繩為基準，一旦有誤，
磁磚貼起來就會不平整。

圖片提供／王本楷空間設計

✕ 📢 **注意！** **灰誌太少，影響水平線的準確**

灰誌黏好後，師傅會以凸出
來的邊作扇形移動，刮除多
餘的水泥砂漿，因此，移動
的過程中至少要有兩個灰誌
作為基準點，黏好後千萬不
能觸碰，必須等乾了才能將
棉繩拆下，避免基準線受到
破壞。

圖片提供／王本楷空間設計

粗胚打底

打底是指以1：3：1的水泥、乾砂、水的比例調和，將牆面、地面予以抹平，以利後續貼磚的工程，通常會依照「先壁後地」的施作順序，而浴室、陽台需排水的空間，地面打底時要同時以水泥砂漿做出洩水坡度。

◇ TIPS：
有水的地方要記得作洩水坡
浴室、陽台地面如果採取乾式施工，打底時也要一併做出洩水坡度，洩水坡度同樣也是經過雷射儀測量，並於牆面標出紅線，師傅就依據紅線高度施作。

事後以水平尺確認洩水坡度

圖片提供／王本楷空間設計

◇ TIPS：
地面打底放樣後直接鋪水泥砂漿
地面打底跟牆面打底略有不同，不是以灰誌做記號，而是水平放樣後以雷射儀於牆面標出高度，再直接將水泥砂漿鋪上去，並利用刮尺慢慢依據高度整平地面。

圖片提供／王本楷空間設計

Step 1 調製水泥砂漿比例

通常水泥砂漿的比例為水泥1：砂3：水1，水泥砂漿可以拌七厘石增加硬度，砂的材料則要注意氯離子含量，氯離子過高會造成海砂屋現象。

Step 2 塗佈水泥砂漿

師傅手持土撥（台語發音為土旁）盛接水泥砂漿，再以鏝刀多次逐步將水泥砂漿均勻塗佈在牆面。

圖片提供／演拓室內設計

📢 **注意！** **打底要一面一面進行，避免產生初凝現象**

塗抹水泥砂漿時，應以一個面為一個單位，否則師傅用刮尺整平水泥砂漿的時候，可能會刮不動或是造成底層塊狀剝落，水泥砂漿失去可塑性，影響牆面的正確基準與平整性。

📢 **注意！** **打底沒乾燥，造成龜裂、磁磚空心**

水泥砂漿完成打底後，要讓打底層確實乾燥，通常夏天大約等2～3天，冬天因溫度低、水分蒸發慢，建議至少等一周左右，否則底部容易龜裂，後續磁磚貼好易產生空心現象。

圖片提供／王本楷空間設計

03
雙面佈漿鋪貼磁磚

待防水層乾了之後即可核對磁磚型號、尺寸,確認配磚計畫,建議可拿磁磚先實際比對,特別是有排水的浴室、陽台,落水頭的邊緣必須要比磁磚低,否則邊緣會容易積水。

Step 1 面材放樣彈線

貼磁磚之前,最重要的工作就是放樣,要依據磁磚尺寸設定磁磚鋪排計畫,通常一個面會標註 2 ～ 3 條基準線。

Step 2 由下而上依序鋪貼

根據基準線從最下面的磁磚開始貼,貼合時磁磚、壁面都要佈漿,讓磁磚的黏著性更好,也可以搭配使用磁磚整平固定器,確保左右水平是一致的。

圖片提供／王本楷空間設計

Step 3 收邊

磁磚的收邊方式有幾種選擇,最簡單、便宜的作法是直接使用現成的收邊條,材質有塑膠、鋁條、金屬選擇,另一種則是將磁磚以 45 度導角加工再進行貼合,優點是較為美觀且平整,但會比現成收邊條多出磁磚的加工費用。

Step 4 橡皮槌輕敲磁磚

貼合後應以橡皮槌或槌柄輕敲磁磚,調整其平整度以及讓磁磚能夯實水泥砂漿層。

✕ 📢 注意! **善用磁磚整平器,確保垂直水平一致**

為了確保鋪排磁磚時能達到每塊磁磚的水平、垂直可以一致,現在有許多磁磚整平器的輔助工具,像是圖中為十字固定器,除了校正水平之外,也能讓磁磚的縫隙皆相同。

設計施工／日作設計
攝影／許嘉芬

✕ 📢 注意! **磁磚沒收邊,轉角銳角好刮手**

當磁磚遇到轉角的時候,通常會利用收邊條或是將磁磚以 45 度導角加工再貼合,漏了收邊不僅是美觀問題,幼童不小心碰撞也會造成危險,甚至會有刮手的問題。

軟底施工法

無須養護待乾、施作快速

30 秒認識工法

| 優點 | 施作速度快，成本低廉
| 缺點 | 黏著力不足、平整度較差
| 價格 | NT.2,500～3,500元／坪（不含料）
| 施工天數 | 1～2天
| 適用區域 | 客廳、餐廳、廚房、衛浴、陽台
| 適用情境 | 30×30cm、50×50cm的磁磚

 黃金準則 ── 水泥砂比要正確且均勻鋪平，黏著力才會好

軟底施工和硬底施工最大的差異就是不用等待養護乾燥的過程，就可以直接貼磚，是目前地坪最常見的工法，並又區分濕式和半濕式兩種，差別在於有無加水，等泥漿均勻鋪平之後、乾燥到一定的程度就可以施作打底，所以不用像硬底施工必須等打底乾燥才能進行貼磚，但也因為沒有一個基礎的打底層，因此做完的平整度會比硬底差，優點是施作時間快速。

✛ 施工順序 Step

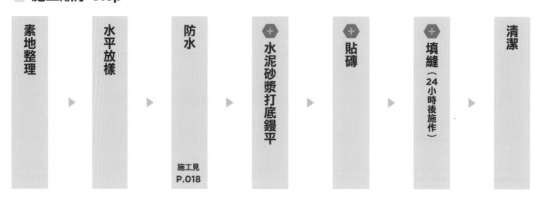

素地整理 ▶ 水平放樣 ▶ 防水（施工見P.018）▶ ✛ 水泥砂漿打底鏝平 ▶ ✛ 貼磚 ▶ ✛ 填縫（24小時後施作）▶ 清潔

🔩 關鍵施工拆解

01

水泥砂漿打底鏝平

軟底施工又包括半濕式跟濕式，兩者的差異在於水泥砂混合後是否有加水攪拌，沒有加水的是半濕式軟底，有加水的則是濕式軟底，貼磚之前都必須先將水泥砂、水泥砂漿拌好鋪於地面。

Step 1 **調和水泥砂或水泥砂漿**

水泥砂的比例為水泥1：砂3，以乾拌水泥砂或半乾濕的水泥砂漿皆可。

圖片提供／王本楷空間設計

Step 2 **鏝刀打底抹平**

將乾拌水泥砂或是濕拌水泥砂漿以鏝刀打底抹平，通常打底厚度約為 4 ～ 5cm 左右。

圖片提供／王本楷空間設計

❌

📢 注意！ **攪拌不均勻，膨共機率高**

軟底濕式施工的水泥砂必須加水攪拌，加了水的水泥砂漿強度較高，但通常工地現場攪拌容易發生不均勻的情況，一旦水泥砂漿沒有拌勻，後續貼磚膨共的機率就會比較高。

02
貼磚

半濕式軟底的水泥砂混合後，貼磚之前是先潑灑水泥漿，而濕式軟底的水泥砂漿鋪好後，則是灑上水泥粉再貼磚，兩者略有差異，施作之前要格外注意。

Step 1　上水泥乾粉或土膏水

如果是濕拌水泥砂漿要在表面上一層水泥乾粉，若是乾拌水泥砂則須潑灑土膏水產生水化作用。

Step 2　收邊

地面收邊通常發生在異材質的相接處，例如磁磚與木地板，此時可以利用預埋不鏽鋼條的做法或是稍微降低軟底的打底厚度，並在軟底打底後，先以木地板樣板進行高度測量。

Step 3　以橡膠槌輕敲磁磚

磁磚貼上後使用橡皮槌敲打，用意在於讓磁磚能與底部的水泥砂漿更密合、密實，黏貼的效果會更好。

📢 注意！　**磁磚不留縫容易膨脹鼓起**

磁磚會有熱脹冷縮的問題，有時為了美觀只預留 1mm 的縫隙，建議至少要 2 ～ 3mm，讓磁磚有足夠的伸縮空間，才不會造成脫落、膨脹的問題。

設計施工／日作設計　攝影／許嘉芬

03
填縫

Step 1 填縫劑加水或攪拌調勻

目前常見的填縫劑有水泥、樹脂等種類，有些直接攪拌均勻即可使用，有些則需加水調和。但不論選擇哪一種材質，都應先確定填縫劑的色調再施工，否則日後修改會很困難。

Step 2 用橡皮抹刀抹入磁磚縫

將填縫劑以橡皮抹刀填滿磁磚縫隙，抹縫完成後再用海綿沾水把磁磚表面清潔乾淨。

圖片提供／演拓室內設計

✕ 📢 注意！ 磁磚填縫未隔 24 小時，縫隙易變黃

磁磚貼好後，建議至少要隔 24 小時再進行填縫，讓水泥裡的水氣散發出來，但如果可以，能間隔 48 小時是最好的。

磚材監工要點

磚面平整度最重要

磁磚施工最重要的是有無出現高低落差、或是水平沒抓好導致門片無法開啟，一方面選購磁磚的時候也要檢查磁磚品質的好壞，如果有破裂、缺角，甚至是翹曲度過大等問題，建議必須退貨，避免發生鋪設完不平整的狀況。

圖片提供／演拓室內設計

圖片提供／演拓室內設計

確認磁磚平整度以及邊角是否完整。

✛ 建材檢測重點

1 確認磁磚規格、尺寸與型號

磁磚送至工地現場後，先拆箱確認規格、尺寸是否符合，以及是否有破裂、缺角、翹曲的狀況，另外有的磁磚包裝會標示批號，若是同一批號生產，較無色差問題。

2 注意磁磚平整性

越長、越薄的磁磚越容易發生翹曲、變形的情況，選購磁磚時可以利用長尺或是將兩片磁磚背對背檢查平整性如何，若翹曲幅度在 1mm 之內還算可以接受，但若同批磁磚翹曲的落差不一，建議不要使用。

2 預留 5 ～ 10% 的損料

磁磚貼到牆角處、轉折處都會裁切，因此訂購磁磚的時候建議要多出 5 ～ 10% 的耗損量，免得貼到一半發生磁磚不夠的情況。

✛ 完工檢測重點

硬底施工法

1 檢查磁磚是否平整、接縫處是否突出

每塊磁磚的邊角交界處要不斷檢視，可以用手感觸摸，遇有不平微凸之處要再調整過，可以搭配十字磚縫條，確保上下左右都有對齊。

2 水平放樣需注意地面和大門的高度

鋪設地磚時統一在壁面標上高度基準線進行水平放樣，但要注意地面完成後的高度，是否會導致門片無法開關門，一般來說，兩者之間建議抓1〜1.5cm左右。

門片與地磚需留出間隙，約莫1〜1.5cm高。

3 水泥砂漿比例要正確

硬底施工打底時須注意水泥、砂拌合的比例為1：3，若比例不對，反而容易造成龜裂、不易黏合的情況發生。

4 水泥打底要平整

鋪貼磁磚之前，要先檢查打底層的表面是否有龜裂、空洞等現象，如果不平整，後續貼磚就無法鋪平。

軟底施工法

1 分區施作避免水泥乾掉

軟底施工法是將水泥砂攪和至適當濕度平鋪在地面，再依序鋪排磁磚，建議水泥砂一次平鋪的面積不要太大，可分區施作，避免做到最後水泥砂乾掉沒有黏性。

2 平整度調整技術要求高

軟底施工是鋪排磁磚的時候，一邊鋪一邊調整平整度和洩水坡度，著實考驗師傅的技術，貼的時候同時要均勻壓貼，確保其黏著力、貼合牢固。

填縫完後需立即擦拭，久了就難以清理。

3 填縫完要用清水擦拭

磁磚填縫後是以海綿沾清水將磁磚縫清洗、擦拭乾淨，並勤於更換清水，有些工班為了方便迅速，使用鹼性清潔劑，如此反而破壞磁磚釉面。

利用尺刀鋪平水泥砂漿，確保打底平整度。

常用磚材介紹

多樣變化的裝飾材

依照材質大略可分成陶磚、石英磚。陶磚以陶土燒製，呈現的外觀通常也較為樸實自然；石英磚則含有一定份量的石英，質地較硬，透過印刷技術，可呈現出仿木的木紋磚、金屬磚、仿石磚，甚至印有各式圖騰的花磚。

陶磚

| 適用區域 | 地面、壁面
| 適用工法 | 軟底施工、夯實工法（麵包磚、壓模磚）、砌磚施工法（清水磚、火頭磚）
| 價　　格 | NT.2,000 ～ 6,500 元／坪（不含施工）

特色

陶磚的主要成分是陶土，再依照加入不同物質黏著，製作出不同的硬度與色調，目前概分為清水磚、火頭磚、麵包磚、陶土二丁掛等等，其中清水磚、火頭磚透過與 LOFT 風潮的結合，近來大量被運用於裸露的砌磚牆面。由於取材天然、毛孔多，因此陶磚的透氣性佳，屬於會呼吸的建材，容易吸排水、利於揮發，也具備調節溫度、隔熱耐磨、耐酸鹼等特性。

挑選注意

陶磚的吸水率高、硬度也比石英磚低，比較會有破損的風險，挑選時可輕敲陶磚測試，聲音越清脆表示硬度越高，另外，假如是用在戶外庭院，要考慮陶磚的止滑性，使用於廚房則建議挑選有上釉的陶磚，清潔較為便利。

施工注意

施作於地面標準施工方法是先整平地面、鋪上一層乾沙，接著再放上陶磚，透過反覆潑水、打實進行所謂的「夯實」處理，較不建議採用黏著劑將陶磚貼上水泥地坪上，如此一來反而失去陶磚保水、透氣、調溫的效果。

圖片提供／久寬磁磚

石英磚

| 適用區域 | 地、壁
| 適用工法 | 大理石施工、半乾式施工
| 價　　格 | NT.3,000 ～ 6,000 元／坪（連工帶料）

特色

磁磚材質可分為陶質、石質、瓷質三種，瓷質磁磚即一般俗稱的石英磚，因為製作成分有一定比例的石英，因此具有堅硬、耐磨的功效，吸水率大約在 1% 以下，可適用於每個空間。當石英磚經過機器研磨拋光後則成為大眾熟知的拋光石英磚，是一般居家最常使用的地板材質，除了耐用止滑，其顏色與紋路又與石材相仿，卻相對石材更為平價，因而深受歡迎。

挑選注意

挑選時可以注意密度，密度越密、硬度越高、吸水率越低，摩擦係數相對也高，防滑效果更好，如果從種類來看的話，聚晶微粉拋光石英磚的紋理質感較佳。

施工注意

石英磚大多採取大理石施工法，但為了減少空心的問題，也可以先將水泥砂弄濕、然後抓出水平，趁水泥砂半乾的狀態下淋上泥漿再鋪石英磚，但不論是哪種工法，都必須預留 1.5 ～ 2mm 的縫隙。

圖片提供／大晴設計

玻璃磚

| 適用區域 | 牆壁、檯面
| 適用工法 | 十字縫立磚法
| 價　　格 | NT. 1,000 元以上／片

特色

玻璃磚對於空間、建築來説，是極佳的透光材質，光線穿透折射可帶來純淨的光感，堆砌作為隔間或是局部牆面使用，亦不會造成壓迫與沉重感，加上透明玻璃磚更具有多款花紋可供選擇，立體格紋、水波紋等等，比起磚牆更具美觀與獨特性，表面光滑也很好清潔。除了採光之外，玻璃磚也具有防水、些微隔音的效果。

挑選注意

玻璃磚分為透心、實心兩種，皆具有晶瑩的透光感，多半運用在需要引光的隔間或是局部牆面，挑選時可注意玻璃磚的透光率以及細緻度，並檢視有無雜質，而具有多種色彩選擇的實心磚，則可以搭配燈光創造豐富的空間氛圍。

施工注意

玻璃磚施工都會打補強鋼筋和十字固定，且磚牆內要設支線點強化結構，再搭配專用填縫劑或是水泥砂漿自下而上堆砌，才能確保玻璃磚能對齊垂直水平線，另外施作時建議一天不要砌超過 2 公尺，避免過重傾倒。

5

石材

最需注意吊掛安全

石材，向來是國人常用的裝潢建材之一。利用水泥、砂和水調和，作為石材與附著面的接著劑，水泥砂加水會形成化學作用，和水泥相同會逐漸乾硬，便能將石材固定。但石材會因熱漲冷縮或是石材與附著面未能緊密貼合，中間形成空隙，導致突起甚至脫落的現象。一旦是外牆的石材掉落，後果不堪設想。因此改良出承重力較強的金屬掛件鎖住石材，加強安全性，而室內則利用 AB 膠或澳洲膠等不摻水的黏合劑貼覆石材，可用於木作等光滑面，擴大施作的底材，更能多元運用。

專業諮詢／上鼎石材、相即設計

✛ 常見施工問題 TOP 5

TOP 1 衛浴的大理石牆兩三年過後就變黃，是施工還是材質的問題？！（解答見 P.107）

TOP 2 剛完工的石材牆面，竟然沒貼齊，不但縫隙歪斜，有的還凸起來！（解答見 P.090）

TOP 3 施作大理石地面時，師傅說濕式工法比半濕式工法快，但不會有問題嗎？（解答見 P.098）

TOP 4 外牆壁面施作洗石子時，工人貪圖方便，沖下來的泥水就進水溝，這樣真的好嗎？！（解答見 P.101）

TOP 5 原來有些大理石不適合拿來做地板，廠商怎麼都沒說，到底哪些是不適合的！？（解答見 P.106）

✛ 工法一覽

	硬底施工法	乾式施工法	乾掛施工法	半濕式施工法	洗石／抿石施工法
特性	在牆面貼覆石材的工法，先以水泥砂漿打底，再貼上石材。相當注重打底的平整度，打底不平，石材的完成面也無法平整	使用澳洲膠或 AB 膠黏合，施作區域需平整，基底多半為木作牆面或檯面	利用鋼件與掛件將石材固定於牆面，無須使用水泥砂漿，施工現場相對較為乾淨	半濕式或稱為大理石施工法，是大面積石材最常使用的地板施作方式	混合大小不一的石料，再加入水泥砂漿，可鋪於牆面或地面，形成深刻紋理的表面，早期建築經常可見
適用情境	多使用於牆面	可用於牆面、檯面、吧檯等	石材較重、外牆吊掛等需要加強安全的情況	使用於地面，除了石材，大面積的磚材也會使用	用於外牆、步道、衛浴等。
優點	貼覆的平整度較佳	👍 **施工最快** 1 施工快速 2 環境不髒亂	👍 **最安全** 1 安全性高 2 不易脫落	👍 **貼覆性最好** 半濕式工法的附著性高，事後較不易有地面澎起的問題	施工快速
缺點	較容易產生白華的情形	膠劑過久未貼覆就會乾硬，需盡快貼合	價格較高	施工速度較慢	若施工不慎，沖洗下的泥漿水會堵塞水管，甚至無法使用
價格	約 NT. 3,500 元／坪（連工帶料）	價格不一，連工帶料依材質而定	價格不一，連工帶料依材質而定	NT.3,500 ～ 4,500 元／（不含料）	不打底，僅施工、材料，約 NT. 4,500 元／坪以上。 若合打底連同施工、材料，約 NT.6,000 ～ 7,000 元／坪以上

※ 本書記載之工法會依現場施工情境而異。

※ 施工價格僅為參考，實際價格會依市場浮動而定。

硬底施工法

注重打底的平整度

黃金準則 牆面和石材背面的益膠泥不可平整，需做出刻痕，
附著力才夠

硬底施工法或是軟底施工法，是用水泥砂漿或益膠泥作為接著劑，將石材貼覆於牆面或地坪。硬底施工需事先做好打底，平整度夠高，才能貼得漂亮。打底完後，需在石材和牆面佈水泥砂漿，早期是依一定比例混和水泥砂漿，並要選用低鹼水泥以及沒有黏土質的乾爽河砂，否則日後會出現膨脹、吐鹼與脫落的問題；同時需等待一定時間，黏合力才足夠，為了讓黏合力提升，研發出加入樹脂的水泥砂漿，也就是所謂的益膠泥。由於使用的水泥砂漿或益膠泥都有含水，建議石材需預先施作 5 道或 6 道的防水塗層，避免產生白華的情形。

➕ 施工順序 Step

素地整理	訂出水平垂直基準線	粗胚打底	用刮尺抹平砂漿	防水	放樣	留出管線位置，並裁切石材	塗抹水泥砂漿	貼合石材	清潔石材表面	約隔1~2週進行填縫和石材美容
	施工見 P.075	施工見 P.076		施工見 P.018						

✛ 關鍵施工拆解

> O1
> # 留出管線位置，並裁切石材

若施作的區域有地排、水管、插座等，貼覆前必須留出露出的位置，通常現場測量後裁切即可。

Step 1　測量尺寸

測量管徑、插座等的尺寸，並標示於石材面上。

Step 2　進行裁切

運用水刀裁切，施作過程要注意會有水噴濺，可用海綿吸水遮擋。

攝影／蔡竺玲　設計施工／上鼎石材

❌ 📢 **注意！　尺寸沒量對，裁錯難挽救**

由於石材多有對花的設計，無替代石材可換因此事前的測量和標示必須非常精準，以免裁錯位置。

◇ **TIPS：**

石材邊角碎裂，立刻用快乾膠補救

在施作過程中，往往會不小心碰撞到石材邊角導致碎裂，此時可先用快乾膠黏貼，進行假固定，再貼覆於牆面或地面，水泥的黏合性強，就可避免事後掉落的問題。

攝影／蔡竺玲　設計施工／上鼎石材

02

塗抹
水泥砂漿

水泥砂漿或益膠泥是作為石材的接著劑，若在牆面施作，需先從牆面下方開始，再持續向上貼覆。施作時在牆面一次抹上一排的份量即可。

Step 1 **調合水泥砂漿或益膠泥**

依照比例調合益膠泥或水泥砂漿。

攝影／蔡竺玲　設計施工／上鼎石材

Step 2 **先在牆上塗抹一排的施作區域**

一次塗上一排的區域即可，塗抹時無須平整。

攝影／蔡竺玲　設計施工／上鼎石材

Step 3 **石材背面也抹上益膠泥**

在石材背面塗上益膠泥。不規則狀的塗抹能增加附著力，同時也確保貼覆時益膠泥有空間散佈，避免益膠泥和牆面之間產生空心的情況。

攝影／蔡竺玲　設計施工／上鼎石材

📢 **注意！** **施作的厚度必須適中，以免影響進出面**

益膠泥的厚度不可太厚或太薄，太厚會讓石材過凸，太薄則會形成凹陷，造成整體牆面不平整。

◇名詞小百科：進出面

為建築物立面的前後距離，也就是所謂的深度。

03

貼合石材

貼覆石材時最需要注意水平、進出是否有對齊平整,同時需注意留出伸縮縫。

Step 1 **貼覆石材,並以槌子輕敲**

石材貼上後以槌子輕敲表面,除了可讓空氣跑出,也增加石材與益膠泥的附著力。

攝影／蔡竺玲　設計施工／上鼎石材

Step 2 **確認水平、進出面**

利用水平儀確認石材的水平、垂直和進出面是否一致,若有不平整則立即拆除重貼。

攝影／蔡竺玲　設計施工／上鼎石材

Step 3 **縫隙處使用接著劑**

貼合完成時,石材的左右、下側接合處利用接著劑固定,保護石材不致掉落。

攝影／蔡竺玲　設計施工／上鼎石材

✕ 📢 注意！ **轉角處導斜角**

遇到牆面轉角時,兩片石材的交接處導斜角拼貼,再填縫修飾。

乾式施工法

膠合固定省時不髒污

黃金準則　　底材呈現粗糙打毛面，摩擦力高，附著力也相對提高

乾式施工的作法則是以澳洲膠、AB 膠等黏合，可施作於水泥面、木質，甚至金屬面等底材。無須摻水的作法，有別於以往水泥砂飛揚佈滿現場，不僅能保持施工現場的乾淨，還能加速後續的施工，隔天即可填縫，縮短需等待水分乾燥的空窗期。要注意的是，乾式施工僅能施作於牆面、檯面等區域，不可用於地面。底材若是水泥面、金屬面則需事先打毛，增加石材與底材的抓握力量，防止石材重量過重，膠劑無法貼合。

+ 施工順序 Step

放樣 ▶ 留出管線位置，並裁切石材（施工見 P.091） ▶ 上膠 ▶ 貼合石材 ▶ 清潔石材表面 ▶ 隔天即可進行填縫

✚ 關鍵施工拆解

01
上膠

一般石材使用的接著劑有澳洲膠或 AB 膠，澳洲膠的黏合性較高，也不會污染到石材，使石材產生發黃情形。

Step 1 石材背面抹上黏著劑

在石材背面塗抹接著劑，以點狀方式且每排交錯排列，貼覆石材時黏著劑才有空間且能均勻散佈。

插畫／黃雅方

> ✕ 📢 注意！ **接著劑需適量，避免空心**
>
> 貼覆壓合石材時，點狀的接著劑會散開，石材背面就會佈滿接著劑，與牆面緊密接合。若是膠劑填得太少，石材與牆面可能會有空隙，降低黏著力。

02
貼合石材

貼覆時要反覆確認石材的水平、垂直和進出是否有誤，若是進出面有差距，事後進行填縫時就不容易整平牆面。

Step 1 牆面下方開始，對準基準線後貼覆

貼覆時，都是由牆面下方開始施作，並對齊基準線。

Step 2 測量水平、垂直和進出位置

每貼一片都需再測量水平、垂直和進出位置是否確實。一旦有誤需盡快處理，過久則膠劑乾硬就難以調整。

> ✕ 📢 注意！ **石材懸空時，下方以支柱支撐**
>
> 若為牆面懸空的設計，石材在貼覆時下方需另加支柱，在膠劑完全乾硬前支撐石材重量，避免掉落。

乾掛施工法

外牆專用，安全性高

30 秒認識工法

| 優點 | 安全性高，不易脫落
| 缺點 | 價格較高
| 價格 | 連工帶料依材料而定，價格
　　　　較高於硬底等施工法
| 施工天數 | 依施作面積而定
| 適用區域 | 室內牆面、建築外牆
| 適用情境 | 石材較重較厚、外牆吊掛
　　　　　　等需要加強安全的情況

黃金準則 — 金屬掛件的位置決定了石材的水平、進出位置，需精確測量再施作

與以往傳統使用水泥砂漿貼覆石材不同，乾掛施工法是改以金屬掛件、螺絲將石材固定，安全性高，有效改善水泥砂漿因地震、熱漲冷縮等造成掉落的危險，適合用在外牆石材。而室內部分，若施作的區域高度較高且面積大，或是選用石皮等重量較重的材質，為了安全起見，通常也會改以乾掛施工的方式進行。乾掛施工也能降低白華產生的情況，施工成本雖然較硬底工法高，但能縮短整體的施工期，做完後隔天即可填縫。若施作面為 RC 牆，結構硬實足以承受石材的重量，會直接將鎖件鎖於牆面上。但若是木作牆、陶粒牆等輕隔間，為了避免牆面承重力不足，較謹慎的作法可於外側另立金屬骨架，利用金屬骨架作為支撐，缺點是需留深度施作，相對會縮減室內的空間。

 施工順序 Step

放樣 ▶ 訂出完成面位置 ▶ 留出管線位置，並裁切石材（施工見 P.091）▶ + 鎖骨架（大樓外牆無須做步驟）▶ + 石材安裝插銷 ▶ + 安裝石材 ▶ 清潔石材表面 ▶ 隔天即可進行填縫

✛ 關鍵施工拆解

01

鎖骨架

若施作區域為木作牆等輕隔間或是特殊造型設計,通常建議另立骨架作為支撐,安全性較高。

Step 1 放樣,確認立柱的基準點

在放樣時,要考量金屬骨架本身深度以及石材的完成面位置,並於地面標示出立柱的基準點。

Step 2 地面鎖上鐵片

先用膨脹螺絲將 L 型鐵片鎖在地面,作為金屬骨架的基準。

攝影／蔡竺玲 設計施工／上鼎石材

Step 3 金屬骨架與鐵片焊接

骨架與地面的鐵片焊接在一起。

攝影／蔡竺玲 設計・施工／上鼎石材

Step 4 焊接其餘金屬構件,固定立柱

地面固定完後,再焊接其餘構件,穩固立柱。

攝影／蔡竺玲 設計施工／上鼎石材

石材安裝插鞘

不論是外牆或室內施作,都需在石材側面安裝插鞘,插鞘的功用在於讓石材和鎖件相連。

Step 1 **石材側面鑽洞或刻溝**

依照插鞘的形狀,在石材的上下側鑽洞或刻溝。

攝影╱蔡竺玲 設計施工╱上鼎石材

Step 2 **以黏著劑將插鞘固定**

插鞘沾附黏著劑後插入鑽好的洞裡,靜置一旁待乾。

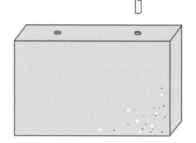

插鞘
黏著劑

插畫╱黃雅方

> 📢 注意! **鑽洞位置需精確,以免無法接合**
>
> 插鞘除了有連接石材與鎖件的功能,也有接合上下或左右兩塊石材的功用,因此鑽洞的位置必須相互對應,避免無法接合。
>
>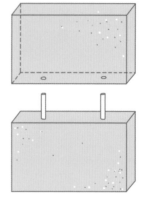
>
> 插畫╱黃雅方

03

安裝石材

乾掛工法的安裝其實十分簡
單，利用 L 型鐵片和膨脹螺
絲就能固定。由於為不鏽鋼材
質，因此具有耐候的特性。

Step 1 **石材固定於結構體上**

外牆施工時，在 RC 牆上鑽洞，套入膨脹螺絲和 L 型鐵片，L
型鐵片的兩端分別接合膨脹螺絲和插梢，讓石材得以固定。若
是有骨架的情況下，也是同樣的作法。

攝影／蔡竺玲 設計施工／上鼎石材

Step 2 **塗抹 AB 膠，加強黏合效果**

室內施作時，若有結構上的需求，可於金屬掛件處以接著劑加
強黏合。施作外牆時，無須使用接著劑。

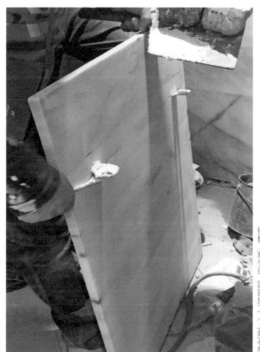

攝影／蔡竺玲 設計施工／上鼎石材

半濕式施工法

貼覆力強，不易膨起

黃金準則　一次施作的面積不可過大，通常為一至兩片

半濕式施工法，俗稱大理石施工法，主要用於地面。相較於軟底濕式施工需事先將水和水泥砂混合，半濕式工法是以乾拌水泥砂先鋪底，再淋上土膏水，讓水和水泥砂產生化學作用。由於石材較為厚重，一次施作一片，水泥砂厚度建議需鋪設 4cm 以上，石材鋪上時才不會造成沉陷，且水泥砂的厚度可用來調整石材完成面的高低，比起軟底濕式施工較為方便。施作時需要在地面灑上水泥水，因此事前需先做好防水，避免往下滲漏，造成漏水。除了石材，60×60cm 以上的大面積磁磚也多半使用半濕式施工法施作。

✚ 施工順序 Step

放樣　▶　留出管線位置，並裁切石材

施工見 P.091

▶　清潔地面　▶　✚ 鋪上水泥砂和水　▶　貼合石材　▶　清潔石材表面　▶　約隔 1～2 週再進行填縫和石材美容

✛ 關鍵施工拆解

01

鋪上水泥砂和水

半濕式工法與軟底濕式工法最大的不同點就在於水泥砂和水是分開鋪設的,並非事先攪拌,較方便調整位置。

Step 1 **混合乾拌水泥砂**

依 1:3 的比例混合水泥和砂,充分攪拌。

攝影/蔡竺玲 設計施工/上鼎石材

Step 2 **在地面先淋一層土膏水**

在施作的範圍內先淋一層土膏水,一次通常施作一片或一排。

Step 3 **覆上水泥砂**

第二層覆上水泥砂,並用木條壓實整平。

攝影/蔡竺玲 設計施工/上鼎石材

Step 4 **再淋一層土膏水**

第三層再淋水泥水,讓水與水泥砂產生黏合硬化的化學作用。

攝影/蔡竺玲 設計施工/上鼎石材

◇ **TIPS:**

地排的安裝方式

地面在施作地磚或石材時,如遇地排水蓋,通常會一併安裝。地排背面塗抹水泥砂後,安裝於排水處,四周同樣以水泥砂填補縫隙,並注意水泥砂不要大量落入排水管內。

攝影/蔡竺玲 設計施工/上鼎石材

抿石 / 洗石 / 斬石 / 磨石工法

取決不同加工方式

30 秒認識工法

| 優點 | 施工快速
| 缺點 | 若施工不慎，沖洗下的泥漿水會堵塞水管，甚至無法使用
| 價格 | NT.180 元～ 1,500 元（材料費）／ NT.8,000 ～ 10,000 元（施工費）
| 施工天數 | 依施作面積而定
| 適用區域 | 住家、商空
| 適用情境 | 用於外牆、步道、衛浴等

黃金準則 抿石或洗石過程需確實反覆施作，避免有砂粒存留或是呈現霧面的表面

抿石、洗石、斬石和磨石，是利用水泥砂漿拌入等徑不一的石粒，經過不同的加工後展現出佈滿天然石材的粗獷效果。這兩種的工法大致相同，需在 RC 牆面打粗底，若是平滑的牆面則需打毛，後續的水泥石粒才能抓住附著，一次可施作的面積較大。但水泥易乾，需由多位師傅同時塗抹攪拌好的水泥石粒，每個施作區域之間可用木條或鐵條區隔，作為伸縮縫。等待水泥乾燥後，用高壓水柱沖洗多餘水泥的作法稱為洗石子，施工較快，但石粒最容易脫落；而抿石子則用海綿擦拭表面水泥，表面摸起來較圓潤，質感也較精緻。斬石子，是利用鑿刀切除水泥硬塊，較為費工，但最能呈現抿石和洗石的施工會受到天氣影響，室外下雨天時不能施工，水泥會被沖刷掉。夏季七、八月的施工品質會稍受影響，水泥表面乾得快、裡面卻還未乾透，因此容易產生細小裂痕。

+ 施工順序 Step

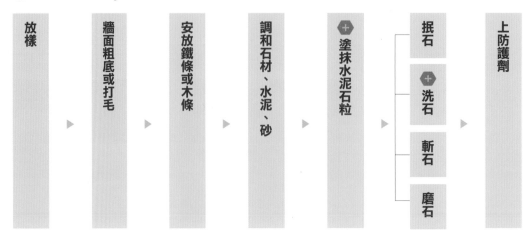

放樣 ▶ 牆面粗底或打毛 ▶ 安放鐵條或木條 ▶ 調和石材、水泥、砂 ▶ + 塗抹水泥石粒 ▶ 抿石 / + 洗石 / 斬石 / 磨石 ▶ 上防護劑

102

⊕ 關鍵施工拆解

01 塗抹水泥石粒

水泥乾凝很快，因此也需要多位師傅同時進行，把握塑型時間。施作時牆面的厚度需一致，轉角處也需平直整齊。

Step 1　水泥石粒塗抹至平整

在施作區域塗抹攪拌好的水泥石粒，施作的厚度需相同，待水泥略微乾燥後來回整平。

Step 2　轉角處利用導角工具施作

轉角區域可利用特殊的導角工具進行抹平，抓出角度，使邊線平整。

圖片提供／相即設計

> ✕ 📢 注意！　**施工需快速，否則表面水泥難清理**
>
> 施工時必須多個師傅同時配合，同時進行鋪設與檢查動作。塑型時間尤為要領，須等待混凝土稍吸水後才能進行，太快塑型會讓石子剝落，太慢則表面乾燥（俗稱臭乾），表面水泥清洗不掉，則必須用強酸強鹼才能洗淨，相當麻煩。

02 洗石

沖刷下的泥水會乾硬，流入排水管則會導致水管阻塞，因此施作前要注意排水位置，或是集中排水，事後一併清理。

Step 1　設置廢水集中區

事前可另接管線將廢水集中，讓泥水不流入建築物的管線。

Step 2　高壓水柱沖洗

利用水柱來回沖刷至表面水泥掉落。

石材美容

無縫無痕，打亮石材

30 秒認識工法

| 優點 | 使牆面或地面呈現無縫痕跡
| 缺點 | 價格較高
| 價格 | 價格依照不同的美容處理而有
　　　　不同
| 施工天數 | 2～3 天
| 適用區域 | 住家、商空適用
| 適用情境 | 主要用於大理石、花崗石
　　　　　　的處理

黃金準則　需達到 4 道以上的研磨處理，
才能達到無縫的光亮感

石材美容是透過填縫和研磨的步驟讓石材表面呈現無縫平滑的觸感，主要使用於牆面或地面，提升表面質感。由於會需要經過研磨處理，因此處理的石材以大理石、花崗石為主，而石材美容的等級也可依照預算和需求，而選擇抹縫、膠縫和無縫。抹縫處理，主要是調色後填縫，不做後續的研磨，以手觸摸溝縫處會感到凹陷，其成本最低。膠縫則是填縫後經過水磨機研磨，使溝縫處與石材等高，觸摸時仍可感受到填縫劑質感，但摸起來無凹陷感。無縫處理的成本最高，填縫後需做 4 道左右的研磨，完成後的填縫處則與石材相同，有光滑的觸感，仿若膠劑嵌入石材般平整。

+ 施工順序 Step

清理石材表面和溝縫　▶　 填入填縫劑　▶　 研磨處理　▶　拋光

✚ 關鍵施工拆解

01 填入填縫劑

填縫劑的功能主要是修飾石材接縫，使整體更為美觀。以往的填縫劑填入後會有剝落的問題，而後加入樹脂改良，讓填縫劑更為牢固。

Step 1 **調色**

比對鋪設的石材色系後，調出相近顏色，再加入硬化劑以利後續施工。

Step 2 **填入溝縫**

溝縫處填入填縫劑，要注意份量適中，若有溢出則需立即擦拭。

✕ 📢⊱ 注意！ **接縫處有灰塵，膠劑易剝落**
溝縫要事前清理乾淨，避免灰塵沙土存留，若未清理，則填縫劑無法密合，容易有剝落的問題。

02 研磨處理

分成兩階段進行，石材鋪設完後進行 3 道左右的粗磨，接著工程退場，等到所有工種結束得差不多了再進場，進行最後的細磨。

Step 1 **粗磨**

利用砂輪機進行全面的研磨，至少重複 3 次，直至石材亮面完全磨平。

Step 2 **細磨**

利用鑽石研磨機進行細磨，讓表面細緻形成無縫的效果。研磨時，需避開傢具處，防止傢具磨損。

石材監工要點

加強穩固最重要

有些石材較為易裂，在搬運的過程中特別小心；同時施工時的附著力和穩定度向來最重要，可利用接著劑加強。而使用的水泥砂或黏著劑需注意成分，水泥砂不能含有過多雜質，矽利康則要選擇中性的，避免造成石材表面吐黃。

到場時確認背網是否有破損，若有則在貼覆時小心施作。

攝影／蔡竺玲　設計施工／上鼎石材

✛ 建材檢測重點

1 確認石材背網是否脫落

石材板在原料廠時通常會在背面黏覆網子固定，背網的作用在於確保大理石在運送過程中不會破損，同時在安裝後石材一旦碎裂，背網也能捉住石材不致破碎成塊狀掉落，造成居家的安危。

2 確認石材的花色

在挑選石材時建議將挑好的花色拍照存證，到施工現場時再做進行比對確認，避免發生送錯的情況。

3 表面確認是否有破損

石材在運送的過程中會完整包覆，但像大理石這類的石材較易碎，仍有可能會在表面造成破口，因此需仔細檢查確認表面是否完整。

攝影／蔡竺玲　設計施工／上鼎石材

石材通常較重，因此在搬運時建議以推車運送，同時底部用木板保護，避免石材破損。

4 在濕區的石材做好防水處理

若要在衛浴等濕區鋪設石材，建議石材事前先做好防水處理，一般防水有 5 道（除了背面），若預算允許的情況下，可加做到 6 道防水，施作更為安心。

5 慎選水泥與砂

地面採用半濕式工法時，要慎選水泥與砂，避免有過多雜質在石材表面造成漬斑。

➕ 完工檢測重點

1 裝設前確認水管和插座位置

若牆面有水管或插座需事前量測位置和大小，並在石材上切割出相應的位置，以便後續的施工。

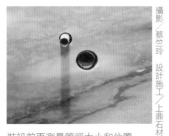

裝設前再測量管徑大小和位置較為準確。

2 膠合前的底材建議先增加附著力

牆面或檯面等使用的乾式施工法是以膠合的方式黏著，底材建議打毛增加膠劑的附著力，還可利用螺絲等金屬鎖件輔助，強化石材的穩定度，避免掉落意外發生。

3 使用中性矽利康避免吐油

由於矽利康有中性、油性之分，用澳洲膠和矽利康黏合時，選用中性的矽利康才能保護石材不被傷害，若是油性矽利康則可能會造成石材表面吐油變黃的情形。

4 做好封孔的防護

石材經過美容、加工等處理之前，若有鑽洞的需求，必須先做好封孔的防護處理，若是沒有事前防護，之後利用化學藥劑清潔就容易造成石材表面損毀或是產生滲透性的髒污。

5 留出 3 ～ 5mm 的伸縮縫

石材會因溫度高低而熱漲冷縮，因此不論是乾式或濕式施工都需留出 3 ～ 5mm 的伸縮縫，避免石材凸起的情形發生。

6 注意水電位置和厚度

不論是哪種工法都需確認管線留的進出位置是否夠適宜。若牆面管線埋得太淺，該區的石材則會高過於其他石材，

金屬面的底材可先刮花，增加摩擦力，讓膠劑更容易附著。

使牆面不平整。若是乾掛施工法，在加上金屬骨架的情形下，骨架需避開管線位置，同時管線需留的較深，以便於出水。

7 局部利用黏著劑加強

乾掛施工的情形下，除了利用鎖件固定之外，局部的接合區域還會利用 AB 膠等黏著劑加強，使石材更為穩固。

8 注意清潔石材表面

只要有用到水泥和砂的施工，在完工後都要以海綿沾水加以清理，避免水泥砂在石材表面造成污損吃色。

完工後應立即清理表面，防止吃色。

9 完工後要做好防護措施

通常石材的施工多半在工程前期，因此完工後需在外層加上夾板等防護措施，當其他工種要進場，就可防止踩壓或撞傷的問題。

常用石材介紹

依特性選用地壁材質

石材形成是因為壓力、沉積，甚至經過火山熔岩等不同的地層運動造成的，經由沉積作用的大理石質地相較軟，容易從石英脈處裂開；而經過火成、變質的花崗岩，硬度相較高，具有耐候的特色。在挑選時可依照各種材質特性適當使用。

大理石

| 適用區域 | 住家、商空適用，應避免用於濕區
| 適用工法 | 硬底施工法、乾式施工法、乾掛施工法、半濕式施工法
| 價　　格 | NT.350～1,000 元／才（僅材料）

特色

大理石主要為沉積作用所造成的石材，一層層的堆積會在石材表面形成石英脈，因此花色都獨一無二。比起經過火成變質的花崗石，大理石的耐候度和硬度都不及花崗石，容易在石英脈處脆裂，同時石英脈分布越大，越容易裂，搬運時要小心注意。但實際上大理石還是比磁磚的硬度高，適合用在地、壁面。要注意的是大理石本身有毛細孔，若是有水氣滲入，經過化學變化後容易在表面形成漬斑，淺色大理石尤其明顯，建議施工前先施作防水處理，以 6 面為佳。一般來說，深色的大理石較淺色大理石堅硬，吸水率相對較低，再加上深色的底色，防污效果較淺色系顯著。

挑選注意

即便是大理石也會因不同的花色,而有不同的堅硬度和吸水率。部分的淺色大理石質地較軟或是石英脈分布較多,不適合作為踩踏的地板或是吊掛施作,選購時可與廠商再次確認。同時石材本身會有編號,一片石材板會切分成兩片,形成對花,因此嚴禁抽片,否則會造成紋路無法連接的情況。

- -

施工注意

最常遇到的大理石病變問題為白華、吐黃。之所以會產生白華,主要是因為在鋪設時,防水處理未做完善,水分滲透到混凝土中,而滲出大理石表面,水分蒸發後,就在大理石表面形成一層的碳酸鈣,因此建議在鋪設大理石前要做好防水措施,並注意在安裝過程中是否有造成污損或刮痕的情形。

圖片提供╱相即設計

圖片提供／相即設計

花崗石

| 適用區域 | 住家、商空適用
| 適用工法 | 硬底施工法、乾式施工法、乾掛施工法、半濕式施工法
| 價　　格 | NT.200 ～ 400 元／才（僅材料）

特色

火成變質的花崗石內部礦物的顆粒結合緊密，毛細孔較少，因此不易有水氣滲入，再加上硬度較高，具有耐候的特質，適合作為戶外建材。因為經過岩漿冷凝作用，花紋多為顆粒狀，變化較為單調，多半是建築物的外牆或是人行道地面；若是在室內，則適合用在衛浴的洗手檯面等潮濕的區域或是樓梯踏面，發揮耐磨損、耐潮的優質特性。而花崗石表面可經過化學藥劑施作燒製、復古面，甚至研磨成亮面等各種表面效果，在濕區地面則可選用燒面或復古面等，摩擦力相對較大。花崗石的產地多元，目前主要來源為南非與大陸等國。

挑選注意

不同色系的花崗石在成分上略有不同，淺紅色的花崗石含鐵量較高，若遇水或潮濕時，表面易有鏽斑產生。另外由於為天然生成的石材，挑選時僅能靠外觀判斷，切片後可能內部有些許瑕疵，設計師或廠商事前應善盡告知義務。而室內外的石材選用也會不同，用於室外的石材厚度多達 3cm 以上，若加上乾式施工則須預留 5 ～ 7cm 厚度；而室內則為 2cm 厚即可。

施工注意

施工於浴室等較潮濕的空間，建議在結構面先進行防水處理。花崗石常聽到的病變為「水斑」，水斑的形成乃因為花崗石成分含有石英，在施作的過程中與水泥接觸，未乾的水泥濕氣漸漸往石材表面散發，而產生鹼矽反應，造成表面有部分的區域色澤變深。

圖片提供／相即設計

板岩

| 適用區域 | 住家、商空適用
| 適用工法 | 硬底施工法、乾式施工法
| 價　　格 | NT.1,500 ～ NT.2,500 元／平方公尺

特色

板岩的結構緊密、抗壓性強、不易風化、甚至有耐火耐寒的優點，早期原住民的石板屋都是使用板岩蓋成的。由於板岩的表面粗糙，本身含有雲母一類的礦物，容易裂開成為平行的板狀裂片，厚度不一，再加上高吸水率和高揮發的特性，除了用於牆面裝飾，也很適合在衛浴空間、戶外庭園等使用，要注意的是易裂的特性不適合用在地面踩踏。板岩的天然石質紋理散發出自然樸實的氛圍，展現度假的休閒風格，被廣泛運用在園林造景、庭院裝飾等。

挑選注意

可依照顏色和表面處理來選擇，板岩可分成黃板岩、綠板岩、鏽板岩、黑板岩，各種類依照礦物質含量不同而有天然色差。從表面處理上來看，自然面和風化面的紋理較為粗獷質樸，常用於戶外或建築外牆，而室內則以紋理較細緻的蘑菇面和劈面居多。

施工注意

施工時多採取乾式施工的膠合方式，使用 AB 膠黏合，底材則為木板等光滑立面。用作牆面時，先從底部開始往上，以二丁掛的交錯砌法為主，避免垂直縫隙。堆砌的高度不超過 3 公尺為佳，未凝固前不要動到石塊，以免鬆動。

圖片提供／相即設計

洞石

| 適用區域 | 住家、商空適用
| 適用工法 | 硬底施工法、乾式施工法
| 價　　格 | 約 NT.3,950 ～ 4,600 元／片（人造洞石）

特色

洞石又稱石灰華石，為富含碳酸鈣的泉水下所沉積而成的。在沉澱積累的過程中，當二氧化碳釋出時，而在表面形成孔洞。因此，天然洞石的毛細孔較大，易吸收水氣，若遇到內部的鐵、鈣成分後，較易形成生鏽或白華現象，在保養上需耐心照顧。一般常見的洞石多為米黃色系，若成分中參雜其他礦物成分，則會形成暗紅、深棕或灰色洞石，其質感溫厚，紋理特殊，能展現人文的歷史感。基於質地較軟、毛細孔大的緣故，較難清理，通常不會作為地板使用，多半用於建築或室內牆面。

挑選注意

洞石本身的質地較軟，再加上有天然孔洞，注意不可用於濕區，容易吸附水氣，造成白華問題。依照不同的礦物成分和沉積層深淺，會使洞石呈現不同的色系，常見的有米黃色，通常在淺層地層位置易於開採。灰色或深棕色洞石，則較深層，質地稍硬，可依需求挑選合適洞石。

施工注意

由於天然洞石的吸水率高，若採用水泥砂混合的濕式工法，在施作前建議先在表面塗佈防護劑，6 面皆施作較為安心，防止污染或刮傷，或是改採用膠合的乾式施工，避免水氣問題。

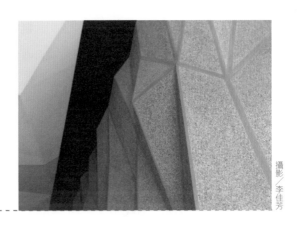

攝影／李佳芳

抿石子／洗石子／
斬石子／磨石子

| 適用區域 | 住家、商空適用
| 適用工法 | 抿石、洗石、斬石、磨石工法
| 價　　格 | NT.180 元～ 1,500 元（材料費）／ NT.8,000 ～ 10,000 元（施工費）

特色

不論是抿石子或是洗石子，材料都相同，僅在最後的施工步驟略有不同等。外觀可依照不同的石頭種類、大小和色澤，形成相異的風格，顆粒較小的石頭感覺較為細緻簡約，大顆粒的則呈現粗獷感受。使用材質一般可分為天然石、琉璃與寶石三類，單價由低到高依序為天然石、琉璃、寶石。琉璃和寶石能展現貴氣質感，天然石則有樸實風味。

挑選注意

依照空間屬性與呈現美感挑選不同材質或粒徑，若想呈現細緻的效果、水泥露面看來較少，建議選擇 7mm 左右的粒徑；若要粗獷點，則可選擇 1.2 分的粒徑（1 分約為 3mm）。琉璃材質盡量不要施作於室外，下雨容易濕滑，且室外建議挑選粒徑較大者，止滑效果較好。

施工注意

洗石子需以強力水柱沖刷泥水，事前需規劃收集泥水的排放，因此不可施作於室內，為避免戶外酸雨、雨垢或是室內水氣，完工後建議加上奈米防水劑，密封水泥中的毛細孔，防止水氣滲入造成霉菌問題。

木素材

選對厚度、尺寸與種類

木素材是居家裝潢常用建材，經常用來做為天花、櫃體與架高地板的基底骨架；基底骨架是由角材與板材架構而成，角材組成的骨架，間距大小決定是否穩固，因此常踩踏的木地板骨架間距比天花密；骨架完成後則會進行封板動作，天花板的板材選用取決於要用哪種的裝飾面材，而木地板與櫃體板材則須思考承重力。常見木素材的板材種類有：木夾板，其堅實特性利於須以釘槍固定的面材；木心板重量較輕且具可塑性；已加工過的波麗板則可省去後續貼皮等修飾工作。

專業諮詢／六相設計、日作設計、員碩室內裝修有限公司、曾建豪建築師事務所／PartiDesign Studio

+ 常見施工問題 TOP 5

TOP 1 天花板完成後，竟然出現凹陷波浪狀？（解答見 P.118）

TOP 2 剛鋪好的木地板，踩起來怎麼發出奇怪的聲音！？（解答見 P.123）

TOP 3 想鋪超耐磨木地板，師傅卻說水泥地板不平要先整平？（解答見 P.123）

TOP 4 天花做到一半，發現卡到壁掛冷氣，無法藏在天花很難看！（解答見 P.115）

TOP 5 鋪木地板可以不用上膠不用黏，這樣真的可以固定嗎？（解答見 P.124）

+ 工法一覽

		木天花	木地板	木作櫃
特性		天花的作用大多是為了修飾管線及設備，天花高度訂定須從可完全隱藏做考量，但由於原始 RC 天花不夠平整，因此骨架須進行水平修整，此一動作將影響後續面材施作，與完成面視覺美感，應確實執行	鋪設木地板前，要先確認原始地板狀態，其平整度與地板原始材質，會影響施工方式的選擇；施工過程中，應鋪設防潮墊，可避免建材與地面直接磨擦，而發出噪音	木作櫃是由板材及各種五金零件所組成，因此不論是層板的鑽孔或者滑軌裝設位置，都須在事前做好規劃與計算，如此才能正確且快速地進行組裝
適用情境		天花不夠平整，利用天花修水平，同時達到美觀功能	希望藉由木地板溫潤質感，增添居家溫馨氛圍	須製作櫃體增添收納空間，或以開放櫃取代隔間，強調通透感
優點		可平整修飾裸露天花，並隱藏管線、設備以及空間樑柱等，有美化居家空間美感效果	不同於踩踏在磁磚或混凝土地板的冰冷感，木地板能提供觸感與視覺上的溫暖感受	增加收納的同時，亦可作為隔間功用
缺點		若想製作不規則造型，難度、造價偏高，工作天數也會拉長	時間一久或者施工不確實，踩踏時容易出現聲音	板材載重力不足，收納層板易發生下垂狀況
價格		平頂天花約 NT.3,000～4,500 元／坪（連工帶料，採用國產素材，無任何造型及挖孔、間照等額外加工，可把平釘及造型分開來計算，造型計價方式多以長度或面積計算。）	國產超耐磨木地板約 NT.3,000～4,000 元／坪，進口約 NT.4,000～7,000 元／坪；海島型木地板約 NT.5,000～12,500 元／坪；實木地板約 NT.10,000～25,000 元／坪。架高木地板以坪計算，價錢為鋪設木地板每坪金額再加約 NT.4,000 元不等	60cm 以下的矮櫃約 NT.4,000～6,000 元／尺；60～100cm 的腰櫃約 NT.4,500～6,500 元／尺；100cm 以上高櫃約 NT.7,000～10,000 元／尺（不含五金、配件。依造型和材質而有所差異。）

※ 本書記載之工法會依現場施工情境而異。
※ 施工價格僅為參考，實際價格會依市場浮動而定。

木天花

打穩骨架基底

30 秒認識工法

| 優點 | 平整修飾裸露天花,且可隱藏管線、設備及樑柱
| 缺點 | 弧型等具造型的天花,難度、造價偏高
| 價格 | 約 NT.3,000 ～ 4,500 元／坪（連工帶料,採用國產素材,無任何造型及挖孔、間照等額外加工,可把平釘及造型分開來計算,造型計價方式多以長度或面積計算）
| 施工天數 | 天數不一,依施作面積和難易度而定
| 適用區域 | 客廳、餐廳、臥房、衛浴
| 適用情境 | 天花不夠平整,利用天花修水平,同時達到美觀功能

黃金準則　天花水平確實修整,後續工程輕鬆不費力

為了美化管線及安裝設備等,除了原始 RC 層天花,大多會再以木作製作平頂木天花將之隱藏,其後因個人美感及居家風格要求,便延伸出除了平頂天花以外,著重於視覺美觀的弧型天花、幾何型天花甚至木格柵天花。天花施作應從訂定高度開始,高度的決定須將冷氣、燈具、樑柱等列入計算,以確實達到隱藏目的;確定高度後即組構天花骨架,骨架間距及水平影響天花最後完成效果,因此應確實計算好間距與做好水平修整;最後將板材固定於骨架,天花基底完成,之後再以面材修飾即可,但不同面材適合底材不同,選擇適合面材之底材,才能讓天花有最完美的呈現。

✛ 平頂施工順序 Step

訂高度（訂水平） ▶ 吊筋、下角料 ▶ 封板 ▶ 面材選擇與施作

✛ 弧型天花施工順序 Step

訂高度（訂水平） ▶ 板材打版 ▶ 吊筋、下角料 ▶ 封板 ▶ 面材選擇與施作

✛ 格柵天花施工順序 Step

確定格柵型式（可拆不可拆） ▶ 訂高度（訂水平） ▶ 吊筋、下角料 ▶ 封板 ▶ 面材選擇與施作 ▶ 安裝格柵

➕ 關鍵施工拆解

01
訂高度
（平頂天花）

訂定天花板高度前，須將要藏入天花板內的管線、照明、設備以及樑柱等元素，一併列入計算，如此才能決定天花板適合高度，達到預期中修飾與美化居家空間的效果。

Step 1　確認影響天花高度訂定因素

燈具厚度、照明形式、冷氣安裝形式、樑柱位置及大小，都和天花高度的訂定有關，在計算高度時應預留設備安裝、維修空間；目前最薄型燈具約 4cm 左右，建議預留 10cm 計算，以便未來更換不同燈具。吊隱式冷氣除機身外，須裝設排水管與製作洩水坡度，至少預留 35 ～ 40cm 以上，其餘如壁掛式冷氣安裝位置，與天花位置是否衝突，以及樑柱是否統一包覆，灑水頭位置等，都須一一確認過，方能決定天花的高度。

◇ **TIPS：**
無須藏設備的話，預留 4cm
若該區域天花沒有裝置任何燈具與其他設備，預留 4cm 即可。

Step 2　標示天花位置

以雷射水平儀掃描，訂出天花高度位置，並在牆上做標記。

設計施工／日作設計　攝影／王玉瑤

02
吊筋、
下角料
（平頂天花）

為了加強固定與修整天花水平，在進行吊筋動作時，同時與橫角料做結合。

Step 1　固定壁邊材

沿天花四周的壁面下角料，即為壁邊材。

設計施工／日作設計　攝影／王玉瑤

Step 2　下主骨架和橫角料

依照訂出的天花高度，先下主骨架，再依序下橫角料。

Step 3　以角材組出吊筋

先以角材組成一個吊筋，尺寸依天花板高度而定。

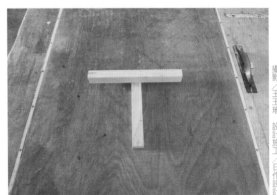

攝影／王玉瑤　設計施工／日作設計

Step 4　固定吊筋並與主骨架結合

以火藥擊釘將吊筋固定於天花 RC 層，並在主骨架的同時，讓 T 型原件與主骨架結合，重複此一動作，依序拼組成天花。

攝影／王玉瑤　設計施工／日作設計

Step 5　組成天花骨架

依序組出間距短邊約 1 尺 2、長邊約 3 尺方格狀天花骨架。

✕

📢 注意！　間距過大，天花出現波浪

有時為了施工快速或節省角料，會將橫角料間距拉大，但間距過寬板材會因自身重量而產生下垂，天花也因此出現波浪狀。

03
封板
（平頂天花）

天花骨架完成後，利用接著劑將板材與骨架黏合，接著再以釘槍固定，確實做好固定動作，即完成天花板基底。

上膠

在天花骨架塗上白膠後，將板材黏上。

Step 2 固定

以釘槍把貼覆於骨架的板材做固定。

攝影／王玉瑤　設計施工／日作設計

◇ TIPS：

板與板之間需留 3mm 的縫隙

封板的板材邊緣需做導角，板材與板材之間需留出 3mm 的縫隙，並將板材固定於骨架上。釘針需垂直打入，避免凸釘情形，但也不能打得過深，造成釘子穿透板材。

04
訂高度
（弧型天花）

不像平頂天花高度水平統一，弧型天花須先計算出最高與最低點，除了要將可能出現的管線、樑柱、設備等，列入計算考量，最高點與最低點能否確實做好包覆，或避開樑柱、消防灑水頭等，也是高度訂定重點。

Step 1 **確認影響天花高度訂定因素**

除了將製作弧型天花區域的管線、樑柱、設備等列入考量外，弧型天花最低點應以該區域無法更改的設施做基準，如玄關大門無法更動，因此最低點不可低於大門位置，最高點限制，要思考是否可完全包覆住樑，且不阻礙消防灑水頭等，施作區域狀況各自不同，因此須依現場狀況再做衡量。

Step 2 **標示天花位置**

利用水平雷射水平儀測出準確的最高點和最低點，在牆上做好標示。

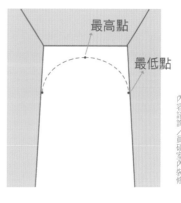

最高點
最低點

內容諮詢／員碩室內裝修　插畫／黃雅方

119

05 板材打版

為了打造弧型天花，須先以夾板或木心板打版做出弧形，以便於架構出天花骨架。

Step 1 板材裁出弧形

打好樣板，再於夾板或木心板上依記號裁切。

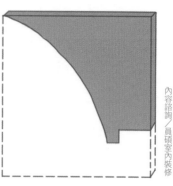

內容諮詢／員碩室內裝修　插畫／黃雅方

06 吊筋、下角料（弧型天花）

依照訂定高度下角料，固定弧型板。

Step 1 固定角材

分別在最高點和最低點固定角材。

Step 2 固定弧型板與橫角料

以火藥擊釘將裁切好的弧型板及角料結合固定，並加上吊筋修正水平。

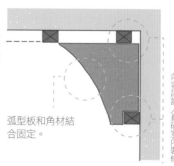

弧型板和角材結合固定。

先固定角材。

內容諮詢／員碩室內裝修　插畫／黃雅方

07 封板（弧型天花）

先完成平面位置的封板，最後再進行弧型天花封板。

Step 1 水平面天花封板

天花骨架上白膠，先貼覆水平面天花板材，再以釘槍固定。

Step 2 弧型天花封板

在弧型天花位置以延展性佳的板材封板，如 2.7mm 夾板或彎曲板。

08

面材選擇與施作（木皮板）

木皮板在背面佈膠後貼覆，邊緣留 3mm 的縫隙再收邊。

Step 1 上膠

在木皮板背面與天花板材塗強力膠。

Step 2 貼上木皮板

等待強力膠約半乾後，再將木皮板貼上天花板材。

◇ **TIPS：**
以強力膠黏合木皮板
木皮板為最後完成面，為了避免以釘槍固定出現釘孔，破壞完成面美觀，選擇同為木素材的夾板做底板，並以不須再以釘槍固定，可快速黏著的強力膠做黏合。

09

面材選擇與施作（企口板）

使用企口板時，需選用耐重力強的夾板當作底材，再膠合、釘槍固定。

Step 1 上膠

企口板背面上白膠。

Step 2 固定

貼覆企口板，並在接口凹槽處打斜釘固定，繼續拼接動作。

◇ **TIPS：**
鋪設企口板前，需用夾板作為底材
矽酸鈣板太脆，因此須選擇較硬、較重且釘接力較強的夾板做底板。

◇ **TIPS：**
衛浴安裝企口板需使用油性黏著劑
若企口板要使用在衛浴等濕區，需用油性黏著劑避免發霉。

10

面材選擇與施作（線板）

線板需事先計算好每層板材要露出的深度和寬度，施工較為複雜。

Step 1 上膠

線板塗上白膠黏貼於天花板，兩塊線板接合處也以白膠黏著。

Step 2 固定

以釘槍固定線板。

◇ **TIPS：**
轉角處以 45 度導角斜切
轉折處以 45 度導角接合，讓接合處看起來更為美觀。

45 度導角斜切

攝影／蔡竺玲　設計施工／摩登雅舍室內設計

11 安裝格柵（活動式）

格柵可分成活動式和固定式。在格柵內側有燈具時，可拆卸的活動式格柵較方便維修。

Step 1　釘小榫

將小榫釘在天花側邊。

Step 2　格柵兩側加工

在格柵兩側加裝活動蓋板。

攝影／蔡竺玲

Step 3　安裝格柵

將格柵卡住預做的小榫，並以活動蓋板固定，避免掉落。

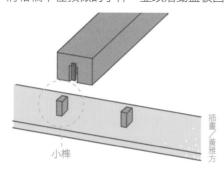

小榫

插畫／黃雅方

12 安裝格柵（固定式）

若施作較密集的格柵樣式，由於主骨架需支撐多支格柵，此時需在主骨架上吊筋，加強結構強度。

Step 1　下角料

四周下壁邊材，並下主骨架。

Step 2　固定格柵

格柵與主骨架固定，格柵兩側固定於壁邊材。同時將吊筋固定於主骨架上，拉齊天花水平，並增加結構強度。

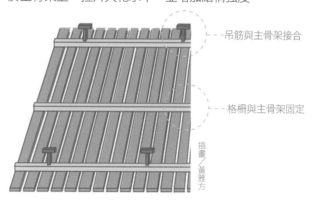

吊筋與主骨架接合

格柵與主骨架固定

插畫／黃雅方

木地板

拼接收邊位提升質感關鍵

30 秒認識工法

| 優點 | 有別於踩在磁磚或混凝土地板的冰冷感受，觸感較為溫暖
| 缺點 | 時間一久或施工品質不佳，踩踏時容易出現聲音
| 價格 | 國產超耐磨木地板約 NT.3,000 ～ 4,000 元／坪，進口約 NT.4,00 ～ 7,000 元／坪；海島型木地板約 NT.5,000 ～ 12,500 元／坪；實木地板約 NT.10,000 ～ 25,000 元／坪。架高木地板以坪計算，價錢為鋪設木地板每坪金額再加約 NT.4,000 元不等。
| 施工天數 | 天數不一，依施作面積和難易度而定
| 適用區域 | 除了濕區和無地下室的一樓不建議，全室皆可用
| 適用情境 | 希望藉由木地板溫潤質感，增添居家溫馨氛圍

黃金準則　水平修整做確實，地板就會平整又好看

地板材質的選擇不外乎水泥粉光、磁磚與木地板，相對於水泥粉光和磁磚地板的冰冷感，木地板不只觸感溫暖，且能讓居家空間看起來更為溫馨。木地板施工前應先確認地板原始狀況，再來決定木地板鋪設方式，原始地板如果平整可選擇不須上膠上釘的超耐磨木地板，以直鋪方式鋪設；若不夠平整，可採用平鋪方式施工，利用多鋪一層夾板調整地板高低差，此一鋪設方式適合海島型木地板與實木地板；平鋪與直鋪完成面視覺看來並無差異，可視自身屋況與需求擇一施工；架高木地板施作前，要先確認是否在地板下方打造收納空間，如此一來才能與之對應架構骨架，再進行後續的封板與木地板鋪設。

+ 平鋪施工順序

鋪防潮墊或者隔音墊 ▶ 下 6 分或 4 分夾板 ▶ + 釘面材 ▶ + 收邊

+ 直鋪施工順序

鋪防潮墊或者隔音墊 ▶ + 拼面材 ▶ + 收邊

+ 架高木地板施工順序

測水平 ▶ 鋪減震墊或隔音墊 ▶ + 下角料 ▶ 下底板 ▶ 上面材

➕ 關鍵施工拆解

01
釘面材
（平鋪）

鋪設面材時，須先以白膠讓面材與底板黏合，之後再以釘槍做固定。

Step 1 **上膠**

在底板塗上白膠。

攝影／蔡竺玲　設計施工／日作設計

Step 2 **固定**

以釘槍固定面材，並留 0.3 ～ 0.5cm 的伸縮縫。

攝影／蔡竺玲　設計施工／日作設計

◇ **TIPS：**

實木或海島型木地板需先膠合，卡扣式超耐磨地板則省略此步驟

若選實木或海島型木地板，須先以白膠黏合後再以釘槍固定，但若使用的是卡扣式超耐磨木地板，則不須上膠，以卡扣做拼接即可。

 📢 注意！　**白膠需確實黏合**

在底板和面材之間的白膠要上確實，兩者間若不夠密合產生縫隙，踩踏時底板和面材會因為磨擦而發出聲響。

02
拼面材
（直鋪）

選用直鋪方式拼接的地板多為是卡扣式地板，無須下釘，直接卡榫拼接即可。

Step 1 **卡扣接合地板**

自入口處向室內開始拼接，地板以卡扣相合。拼接時依不同廠商的標準，與牆面留出一定的伸縮縫。

03

下角料
（架高地板）

以角材組出如天花的方格骨架，並利用垂直支撐加強固定，同時也是為了修整水平，讓完成面更為平整。

Step 1 **組出木地板框架**

先以角材組出木地板框架範圍，並在木地板完成面的高度釘角材。

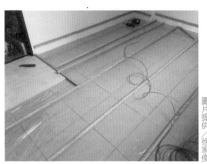

圖片提供／徐家俊

Step 2 **下地板主骨架**

地面下主骨架。主骨架與主骨架之間約距 30 ～ 45cm，接著再下橫角料。

圖片提供／徐家俊

04

收邊
（直鋪、平鋪）

一般與牆面接觸的位置可以矽利康收邊，但若遇到異材質交接處則須以收邊條做收邊。

Step 1 **選擇收邊條**

在選擇木地板種類時，應同時挑選好收邊條。

Step 2 **計算終點和起點**

與異材質交接處作為木地板鋪設終點，並將收邊條尺寸列入計算，回推鋪設木地板的起點，如此才不會發生木地板鋪到終點時，沒有預留收邊條位置而造成凸出的狀況。

Step 3 **下收邊條**

在木地板的起始處，或是與異材質的接縫處，像是磚與木地板之間，可用收邊條或是實木線板收邊。另外，在牆面邊縫可用矽利康收邊。

木作櫃

注重水平垂直不歪斜

黃金準則 做好垂直校正，組裝才能精準又確實

現成櫥櫃雖可做為收納使用，但尺寸與櫃內收納規劃通常比較制式，缺乏彈性且未必符合個人需求，因此在裝修居家空間時，收納規劃往往藉由量身訂製的木作櫃，讓空間有效利用，也更符合個人收納需求。櫃體形式大致上分為門片櫃與開放櫃，門片櫃大多著重強大收納機能，開放櫃則可做為區隔空間的隔間牆，也有展示擺放物品功能。兩種櫃體施工皆從組裝櫃體開始，桶身完成便可安裝櫃內各個零件，如層板、掛籃等，最後再以搭配居家風格與個人喜好，選擇適合面材修飾櫃體。

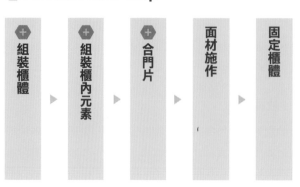

＋ 門片櫃施工順序 Step

＋ 組裝櫃體 ▶ ＋ 組裝櫃內元素 ▶ ＋ 合門片 ▶ 面材施作 ▶ 固定櫃體

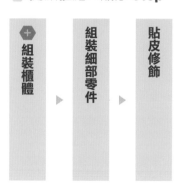

＋ 開放櫃施工順序 Step

＋ 組裝櫃體 ▶ 組裝細部零件 ▶ 貼皮修飾

✛ 關鍵施工拆解

01
組裝櫃體（門片櫃）

櫃體的構成是利用板材架構出桶身之後，再逐一將櫃內零件組裝完成櫃體，在組裝桶身前，須事前做好規劃，才能開始組裝動作。

Step 1 **將板材組裝成櫃體桶身**

將板材一一組裝成櫃體桶身，釘好背板。

攝影／王玉瑤　設計施工／日作設計

Step 2 **加工**

桶身側板依櫃內組裝零件，做好鑽孔等加工動作。

◇ **TIPS：**
6 分板的鑽孔間距要約 6cm
一般若使用 6 分板製作桶身，鑽孔間距慣性距離為約 6cm。

02
組裝櫃內元素

櫃內元素多半依造個人需求做規劃，常見有層板、抽屜以及五金，其中層板分為固定與活動形式，常見五金零件如：拉籃、吊衣桿等，由於事前已做好安裝前的加工，最後只須安裝並微調即可。

Step 1 **組裝層板**

層板可分為固定層板與活動層板，固定層板組裝方式為：側面與背板釘槍固定，在桶身側面鎖木螺絲，間距約 15cm 鎖一顆，確切使用數量依未來承重強度決定，鎖完螺絲最後再以貼皮修飾。活動層板較單純，只要將銅扣塞進預先鑽好的鑽孔，即可裝上活動層板。

Step 2 組裝抽屜

決定好使用何種滑軌後，即可在板材預先規劃好滑軌位置，組裝時安裝抽屜並再依狀況適時調整。

攝影／蔡竺玲　設計施工／日作設計

Step 3 組裝五金

安裝五金配件及零件，再做尺寸與順暢度的調整即可。

攝影／蔡竺玲　設計施工／日作設計

03

合門片

Step 1 立框

以角材先組出門片骨架。

Step 2 封板

以 2 ～ 3mm 厚的夾板封板。

Step 3 定型

以重物壓約 3 ～ 4 天，幫助門片定型後再加工。

若是一般櫃體的門片，以板材裁切尺寸即可，但若是較大型的櫃體，如：衣櫃等，若單純以板材裁切製作容易變形，因此須以骨料製做骨架、封板，確保門片足夠穩固。

04
固定櫃體

櫃體為一大型量體，吊櫃多會先將角材固定於牆上，再將櫃體固定在角材上，落地櫃則在定位後，直接固定於牆上。

Step 1 確認位置

確定櫃體位置，將角材固定在牆上。

Step 2 下角料

櫃體下方退踢腳板厚度釘一塊木芯板，作為踢腳板上方擋板，地板處也退踢腳板厚度，將角材固定在地上，作為踢腳板下方的擋板。

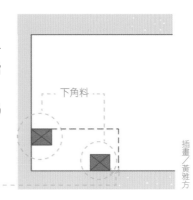

下角料

踢腳板預定位置

插畫／黃雅方

Step 3 固定

櫃體放置於牆面後，確認垂直水平與位置，將踢腳板固定於木作高櫃，作為木作櫃的前方支撐力，確認櫃體與天花、側牆或其他櫃體緊密連結並用蚊子針固定。

插畫／黃雅方

05
組裝桶身（無背板開放櫃）

無背板開放櫃組裝桶身時，由於沒有背板，形狀不易固定，因此在組裝完框架後，須先固定垂直向板材。

Step 1 組裝櫃體框架

先以板材組出櫃體外框。

Step 2 固定垂直向板材

為了讓固定櫃體外型，先固定好垂直向板材。

Step 3 垂直向與水平向板材卡榫相接

垂直向板材做卡榫，與其中一片水平向板材卡榫相接固定。形成十字固定，避免歪斜。

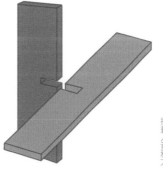

插畫／黃雅方

木材監工要點

依使用區域選擇適合材質

木素材運用於不同區域，其監工重點也有所不同，尺寸、厚度與種類的選擇，不只會關係到施工是否順暢，對於完成後的安全問題也有其影響，因此應先從建材選擇檢驗起，接著再確認施工流程有無問題。

◇名詞小百科：抓縫

板材與板材之間會產生接縫，若要在板材上施作面材，板材表面須呈平整狀態，此時便會在板材接縫處先填 AB 膠，利用 AB 膠填平縫隙，這個填平動作就稱為抓縫。

◇名詞小百科：木螺絲

專門針對木頭設計的釘子，鑽進入木頭後，會牢固的嵌入其中，但須注意不可用榔頭，而應以螺絲刀旋進去。

+ 建材檢測重點

木天花

1 板材厚度要確實

一般天花常用之板材為矽酸鈣板，由於天花不需承受太多重量，雖不須選擇過厚的板材，但太薄釘槍會穿透，因此矽酸鈣板選擇約 6mm 厚最適合。

木地板

1 防潮隔音還有耐磨效果

鋪設防潮墊或隔音熱，除了有防潮、隔音效果外，也可避免建材與原始地板直接磨擦而發出聲響，厚度選擇約 2mm，兩者從中擇一鋪設即可。

2 夾板厚度適度調整水平

木地板以平鋪方式鋪設，除了防潮墊會再鋪夾板，一般選用 4 分夾板（12mm），但視現場地板平整狀況，可利用不同厚度的夾板調整地板水平。

3 架高木地板底板厚度要足夠

架高木地板底板厚度最少要 4 分（12mm），否則踩踏時容易凹陷。若面材為超耐磨木地板，由於超耐磨比較薄底板至少要 6 分（18mm），若是海島型木地板底板 4 分即可。

木作櫃

1 櫃體板材厚度選擇

一般大多採用 6 分木心板（18mm）板架構櫃體桶身，但在不見光的背板位置，可使用單面貼皮的 4 分板（12mm）。

2 抽屜板材厚度挑選

抽屜使用的板材不須太厚，廣泛使用的波麗板一般用 4 分板（12mm），白楊木實木皮則用 5 分（15mm）。

+ 完工檢測重點

木天花

1 確定天花骨架間距

天花骨架完成後，間距不能超過 45×90cm 為標準，確認天花骨架施工是否確實。

2 打光確認弧度是否平均

完成弧型天花弧骨料的同時，可利用打光方式確認弧度是否平均。

木地板

1 確認架高木地板骨架間距

由於架高木地板會有踩踏動作，因此骨架間距較天花來得更緊密，完成間距應為 30cm，最多不可超過 45～60cm，以免踩踏時地板凹陷。

木作櫃

1 滑軌形式決定安裝位置

不同滑軌形式，安裝位置也有所不同，因此除了滑軌形式須做確認，也應檢測安裝位置是否正確；一般三節式和自走式滑軌安裝於側邊，隱藏式滑軌及重型滑軌則是裝在下面。

2 桶身測量垂直

組裝過程中，板材與桶身是否垂直，將影響組裝品質，因此在裁切板材與組裝桶身時，都須利用角尺重複測量是否垂直。或在固定背板前，測量兩條對角線距離是否一致。

3 確保安裝過程中確實清潔

櫃體組裝過程中，常因裁切板材而有木屑粉塵，安裝五金時應注意是否確實清除，避免五金因入塵，而造成使用不順暢。

4 再次確認尺寸才可繼續施工

櫃體桶身組裝好後，應再進行複量一次尺寸，將誤差做好修正，才能繼續後續活動層板安裝。

5 櫃門與木地板交接處預留高度

在櫃體與木地板交接處，櫃體踢腳板應事先預留木地板厚度，以防止櫃門與木地板產生衝突，而木地板也會在施工完成後，在交接處以矽利康收邊。

攝影／王玉瑤　設計施工／日作設計

天花骨架間距不能超過 45×90cm，否則會出現凹陷問題。

常用木材介紹

面材底材各異其趣

木素材除了因為木種的不同可做為種類分別外，還會因後續加工方式，延伸出更多不同樣式的木素材，有的適用於基礎底材，有的可直接運用於面材修飾，根據其不同屬性，在挑選與施工上也會有所不同。

木心板

| 適用區域 | 客廳、餐廳、臥房
| 適用工法 | 木作櫃
| 價　　格 | 4×8 尺的無貼皮木心板，約為 NT.800 ～ 1,000 元／片；4×8 尺的單面貼皮波麗板，約為 NT. 1,100 元／片；4×8 尺的雙面貼皮波麗板，約為 NT. 1,300 元／片

特色

木心板為上下外層為約 0.5mm 的合板，中間由木條拼接而成，且根據中間拼接木條木種的不同，其堅固程度也有落差，一般市面上可大致分為麻六甲及柳安芯兩大類。木心板主要構成為實木，耐重力佳、結構紮實，五金接合處不易損壞，具有不易變形之優點；雖然過去木心板最為人詬病的地方，在於中央木條接著劑甲醛含量較高，但近期因環保要求相對嚴格，且經政府規範，較無此問題。

攝影／Amily

挑選注意　木心板分為麻六甲及柳安芯兩大類，柳安芯使用柳安木條拼接，價格較貴；麻六甲是麻六合歡木組合而成的木心板，木質密度較低，螺絲咬合度不佳，但板內部木條種類及密度較為一致，較不容易翹曲，可依需求及預算做選擇，另外木心板防潮力較差，不建議潮濕區域選用木心板做裝修。

施工注意　使用木心板做櫃體層板時，要注意木心板條的方向，避免變形。

木夾板

| 適用區域 | 客廳、餐廳、臥房
| 適用工法 | 木天花、木作櫃
| 板材價格 | 4×8 尺約 NT.600 ～ 700 元／片（確實價格需以材質、大小而定）

特色

夾板一般是由奇數薄木板堆疊壓製而成，過程中木片會依不同紋理方向做堆疊，藉此增加承載耐重、緊實密度以及支撐力，根據其堆疊厚度，夾板也有厚薄之分，可根據需求選擇不同厚度之夾板。一般夾板大多用來做為底板，之後會再以面材做修飾，如：貼上木皮、印花 PVC 皮紙等，但近來居家風格追求簡單、不過多修飾，因此可在塗一層保護膜後直接使用。

挑選注意

從正反兩面觀察，注意板材表面是否漂亮、完整；常見使用厚度有 2 分、4 分、6 分等，有時刻意強調「足」分，代表厚度要確實，例如 3 分夾板一般約為 0.7cm，但若是足 3 分，厚度是 0.9cm。

施工注意

夾板過薄釘槍可能穿透，因此應選擇厚度較厚之木夾板。

攝影／王玉瑤

木皮板

| 適用區域 | 客廳、餐廳、臥房
| 適用工法 | 天花、木作櫃
| 板材價格 | 4×8 尺約 NT.1,600 ～ 20,000 元／片

特色

所謂木皮板是指在夾板貼上一層實木皮，一般木皮板約在一分左右，由於表面為實木皮，因此和一般的貼皮比起來，更具原木質感，經常被運用做為修飾面材，其中尤其以櫃體運用最為普遍，不只可美化櫃體，也可呈現木質原始紋路，若希望讓居家空間更具自然感受，也可將木皮做為天花面材，藉此營造木感居家特有的溫馨感。

挑選注意

由於木皮板表面為實木皮，不對紋的拼貼較為自然，但若希望對花紋，則可選擇直紋，另外挑選時也可注意是否有標示無甲醛。

施工注意

一般可以強力膠或白膠黏貼，建議底材選用同為木素材的夾板，以加強黏性。

攝影／蔡竺玲

企口板

| 適用區域 | 客廳、餐廳、臥房
| 適用工法 | 天花
| 板材價格 | NT.3,000 ～ 4,000 元／坪（依木種不同價格也有差異）

特色　　　　　　　　企口板其特色為板材多呈細長型，在兩側有一凸一凹接口，由於企口板拼接完成面會有裝飾效果的溝槽線條，因此常用於牆面或天花的面材修飾，不只可整面鋪貼，也可作為腰牆為空間帶來變化，鄉村風居家空間經常可見。企口板材質除了實木外，若想用於潮濕區域，也有塑膠材質可供選擇。

挑選注意　　　　　　企口板的厚度及木種會影響其價格，因此在挑選時應就預算與喜好做選擇。

施工注意　　　　　　企口板的施工除了以接著劑黏合外，接口處須確實以斜釘加強固定，也因此底材應選用釘接力較強的夾板。

攝影／王玉瑤

角材

| 適用區域 | 客廳、餐廳、臥房、衛浴
| 適用工法 | 天花、木地板、木作櫃
| 角材價格 | NT.65 ～ 105 元／支（此為尺寸 8 尺 ×1.8×1.2 吋之價格，價錢會依尺寸不同）

特色

室內裝修基本建材，用來做為製作結構體內部主要材料，大致上可分為：實木角材、集層角材、塑膠角材，實木角材多以柳安木、松木製成，材料為原木未經加工容易有蛀蟲與彎曲問題，集層角材為堆疊壓製木片合成，重量較輕且筆直，製成之骨架可讓天花、木作完成面較為平整，也是目前普遍使用的角材；防水塑膠角材則大多使用於室外或易產生水氣的區域；市面上常見防火、防腐、防蟲角材，則是將原木角材進行藥水浸泡後，使其成為具備防止功能的角材。

挑選注意

居家裝修時，角材運用相當頻繁，因應不同區域使用的角材尺寸也略有不同，角材大致上可分為 12 尺（360cm）、 8 尺（240cm），常用角材寬度尺寸為 1.2×1 吋及 1.8×1.2 吋，除了依施工需求做挑選外，也應確認施工現場是否便於搬運，避免過長造成搬運困難。

施工注意

角度厚度不同，適用於不同區域，一般大多使用 1.2×1 吋，較厚的 1.8×1 吋則多是拿來做隔間骨架。

7

水泥

自然不造作的風格建材

水泥，當今最重要的建築材料之一，主要成分由添加物（膠凝材料）、骨料（砂石）及水所組成，藉由調整添加物之內容特性和成分配比，可活用於建築結構、介面底材，或者化身空間風格的裝飾面材，常見如：清水模、粉光水泥、PANDOMO 等。若欲使用水泥作為裝飾材，須先了解這項建材的特性很「活」，它的優點包含風格質樸、可塑性高，以及獨一無二的紋理表情，但也有許多不可控制因素，並且無可避免表面裂痕產生（僅能透過施工手法盡量降低數量和縮小裂縫）。同時，因它們的施作厚度多不會太厚，並且考慮材質接著力的問題，施工須注意素地一定要清潔平整且有足夠濕度，否則將直接影響到面材的呈現效果。

專業諮詢／木介空間設計工作室、朋柏實業有限公司、亞登士建材工程行、林淵源建築師事務所、星達塗料 Star Paints、徐岩奇建築師事務所 +ZDA 設計、頑石設計工坊

+ 常見施工問題 TOP 5

TOP 1 水泥砂漿的水泥、砂、水配比錯誤，水泥成型強度不足、不耐用？（解答見 P.141）

TOP 2 骨材攪拌未確實、收邊潦草又塗佈不均，完成面不平、破口又色差？（解答見 P.141）

TOP 3 素地前置處理未確實，後續面材容易龜裂、膨共或剝落？（解答見 P.153）

TOP 4 著急趕工、養護天數不充足，容易起砂、易裂，失敗告終？（解答見 P.153）

TOP 5 大熱天未確實灑水養護，或開電扇吹強風，造成乾縮裂縫的產生？（解答見 P.140）

+ 工法一覽

	水泥粉光	後製清水模	磐多魔
特性	最基礎的水泥裝飾工法，以水泥砂漿為主原料，受原料品質、師傅經驗和施工手法影響，呈現差異較大	屬於清水模的修飾工程，以混凝土混合其他添加物製成，可適用於室內／外各項天、壁材	以無收縮水泥為基礎之建材，硬度與抗裂性更高，並可調入色粉創造豐富色彩
適用情境	Loft、工業風等風格空間之地坪與壁面裝飾	NG 清水模面修補作業、清水模的保養維護、室內外清水模風格呈現	小坪數、空間造型不規則的畸零空間
優點	無接縫、可塑性高、保暖性佳，因紋路及色澤不同，有著難以取代的手工美感與質樸風格	👍 **最考驗師傅美學技巧** 高度擬清水模質感，但不會失敗；施工前，可打樣確定風格及色澤，較真實清水模便宜和輕巧	👍 **色彩選擇最豐富** 無接縫、好清理、不起砂、色彩選擇多元化、具有防火性
缺點	使用日久會有變色、易裂和起砂等問題。	易碎，不適合用在地面；相較真實的清水模仍沒有那麼「活」。	有氣孔、易吃色、造價高昂。
價格	👍 **價差最大** NT.3,000 元～ 10,000 元／坪（連工帶料，不含地坪的事先修整）	以施工面積 30m²、基本款造型計算，價格約 NT. 6 ～ 10 萬元／式（因施作介面、難易度、紋路而有價差）	NT. 13,000 ～ 15,000 元／坪（連工帶料，價格依現場實際情形有所增減）

※ 本書記載之工法會依現場施工情境而異。
※ 施工價格僅為參考，實際價格會依市場浮動而定。

水泥粉光

砂漿比例決定一切

30 秒認識工法

| 優點 | 可塑性高、保暖性佳，因紋路及色澤不同，有著難以取代的手工美感與質樸風格
| 缺點 | 用日久會有變色、易裂和起砂等問題
| 價格 | NT.3,000 元～ 10,000 元／坪（連工帶料，不含地坪的事先修整）
| 施工天數 | 7 個工作天
| 適用區域 | 室內／外（若於衛浴等溼區，需增做防水）
| 適用情境 | 工業風、Loft 風格等空間之地坪與壁面裝飾

黃金準則 掌握水泥砂漿配合比，以及施工素地的清潔與空間管理

水泥粉光，泥作類裝飾材中最基礎的一種工法，原料由水泥、骨料、添加物等依比例混合而成，常見於工業風、Loft 風格等空間之地坪與壁面裝飾。然而，看似簡單的水泥粉光，易受原料品質、空間條件和人工經驗等因素影響，呈現不同色澤和手感紋路，稍一不慎，更會出現起砂（粉塵）、裂縫。即使施作良好，基於水泥本身材質的關係，經長期使用仍會有龜裂、變色的情形，乃屬正常現象。建議可在完成面施作保護劑，常見的有潑水劑、硬化劑、水性壓克力樹脂、Epoxy 等，水性壓克力樹脂和 Epoxy 都會改變水泥粉光之色彩，厚度須均勻，否則易有深淺顏色的差異產生。因水泥須採取「陰乾」，水化（硬化）過程更要維持一定濕度，不僅要避免強風或電扇，若空間風量過強或有日光直射問題，都要適當遮擋門窗，確保水分不會太快蒸發，造成水泥強度不佳或裂開，也導致施作環境容易悶熱，尤其炎炎夏季，對於師傅們更是一大考驗。此外，水泥粉光本身有毛細孔，易吃色，若不慎用髒無法以拋磨的方式去除污漬，局部填補也必有色差，故施工前後都需要保持空間的乾淨，並將完成面包覆保護。

 一般區域施工步驟 Step

素地清潔 ▶ ✛ 粗胚打底 ▶ ✛ 表面粉光 ▶ ✛ 表面保護

✛ **衛浴、濕區施工步驟 Step**

素地清潔 ▶ ✛ 粗胚打底 ▶ 防水 ▶ 二次粗胚打底 ▶ ✛ 表面粉光 ▶ ✛ 表面保護

施工見
P.018

✚ 關鍵施工拆解

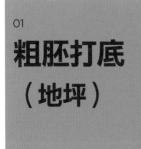

01
粗胚打底
（地坪）

在素地上先以泥料進行打底，水泥砂漿配比建議為 1：3 最佳，加入適當水量（依天氣溫度和濕度調整）攪拌均勻，易有誤差，若水量過高會降低水泥強度。

Step 1　施作界面黏著劑

粗胚打底前，先施作界面黏著劑增加 RC 素地和打底層的接著力。傳統 RC 混凝土牆或磚牆會將海菜粉和水泥打成「土膏」當作界面黏著劑；近代許多師傅已改用「益膠泥」替代，雖成本較高但黏著性更好。所謂「益膠泥」是由水泥、海菜粉和水性壓克力樹脂組成，水泥具有黏著性，海菜可提供保濕、水性壓克力樹脂則兼具黏著性和些許彈性。

Step 2　水泥砂漿塗佈

倒出泥料均勻鋪於地坪並刮平，粗胚打底厚度約 15mm。

圖片提供／頑石設計工坊 李松栢

❌ 📢 注意！　**地坪防水施工，避免水往下滲**

水泥施工需維持一定濕度，為了避免施作時水從側面或往下滲透，造成與鄰居的糾紛，可先於地坪進行防水工程；清潔和打磨時，也會盡量避免粉塵污染。

02

表面粉光

在粗糙的打底層上方，抹上一層細緻的水泥砂漿，拋磨後，即是粉光水泥之完成面。

Step 1 **進行篩砂**

以人工運用網篩過濾掉顆粒較大的砂粒，確保水泥粉光的完成面更細緻；若遇大型工程，可用機器輔助篩砂，但細緻度會略差。

圖片提供／演拓室內設計

Step 2 **塗佈水泥層**

以專用抹刀抹上一層薄薄的水泥砂漿（約 5mm），由於此為直接接觸面，將水泥砂漿的配比為 1：2，藉此讓表面更平滑。

Step 3 **鏝平表面**

待施作層略乾但未失去可塑性之前，以鏝刀鏝平表面。因水泥未達一定強度，仍具可塑性，整平之餘，也有效降低鏝刀痕跡。依師傅經驗、手勁和呈現風格調整施作的時間點。

圖片提供／演拓室內設計

Step 4 **表面磨砂**

若是後續不上漆，以水泥粉光做表面，則需施作磨砂。待水泥砂漿完全乾燥與硬化後，以磨砂機做表面研磨至細緻光滑；小面積亦可使用砂紙手工處理。此道工續約重複 2 ～ 3 次，砂紙號數要愈來愈高，如：# 300、# 500、# 800。

圖片提供／演拓室內設計

03

表面保護

於水泥粉光表面施以保護層，適當阻隔水氣、降低吃色等問題，並增加完成面的強度。

Step 1 **將表面清潔乾淨**

以空氣槍將粉光後的表面粉塵清潔乾淨，再用清水沾濕抹布擦拭，以避免未來保護劑與粉塵混合，造成混濁、髒污之感。

Step 2 **施作保護劑**

建議在養護 7 ～ 14 天後，使用保護劑做表面處理。一般牆面多使用潑水劑（斥水劑），地坪則為硬化劑，兩者屬於滲透型的保護劑，對表面質感影響不大，但無法同時使用。

> 📢 **注意！** **水性壓克力樹脂或 Epoxy 加強保護**
>
> 若希望更強化表面保護，可用水性壓克力樹脂或水性 Epoxy 替代。前者會稍稍加深地坪顏色，略帶陳舊感；後者保護力強，但塗層厚、有油亮感，比較不自然。因兩者都會於表面形成薄膜，遇水易滑，不建議衛浴或廁所等濕區使用。
>
>
>
> 圖片提供／鍊達實業
>
> 地面施塗水性 Epoxy 保護層。

後製清水模

仿飾清水模質感

黃金準則 | 設計打樣清楚溝通，著重修飾和細節，師傅的美學涵養需要求高

後製清水模最早源自清水模的修飾工程，用於修補清水模灌漿易產生的表面氣泡、漏漿、冷縫等問題，甚至達到保護效果。此項工法量輕而薄，呈現效果卻與灌注清水模極為類似，卻不會造成建築結構的負擔，還能依喜好於表面打孔、拉出木紋樣式，或製作出氣泡、溢漿、溝縫等，對於一般居家裝修、預算有限或害怕失敗的業主，是一個很好的選擇。

除了當作清水模的修補材，後製清水模也常用於室內／外的壁面、天花、輕隔間，甚至客製化傢具等。雖它幾乎沒有底材限制，仍需請廠商依現況評估有無風險或其他費用的衍生等，尤其後製清水模的厚度很薄（約 3～5mm），素地的狀態和平整度都會直接影響呈現效果，前製工程更顯重要。完工後，也應避免重物敲擊或撞擊面，以防龜裂或損傷。

目前，台灣的後製清水模有日本 SA 菊水工法和台灣塗料廠商提供之塗裝工程，施工原理大致相同，建議參考廠商案例實績和口碑，多方了解、比較再決定，較穩當。

+ 施工順序 Step

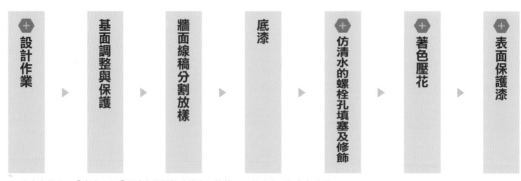

設計作業 ▶ 基面調整與保護 ▶ 牆面線稿分割放樣 ▶ 底漆 ▶ 仿清水的螺栓孔填塞及修飾 ▶ 著色壓花 ▶ 表面保護漆

※ 依廠商差異，「底漆」和「仿清水的螺栓孔填塞及修飾」工程順序可能會有差異。

✚ 關鍵施工拆解

01

設計作業

所有工程之前，廠商須先清楚說明後製清水模之施工限制，並與業主或設計師完成所有設計溝通和打樣，才能進行後續階段。

Step 1 挑選喜愛風格和紋理

後製清水模之紋理是由師傅以自身手工及輔具製作，從紋理到色彩都能客製化呈現，建議可利用照片輔佐溝通風格效果和色彩的表達，更精準。

Step 2 討論孔洞位置分割線

依照設計圖與施作廠商商定孔洞與格線編排位置、形式、深淺等。一般清水模常見尺寸為單塊 90x180cm，若是木紋模則以高度 10cm、長度 50 ～ 60cm 最佳（最長可達約 1 米）。

Step 3 打樣確認紋理花色

廠商依照設計需求先打一塊小樣，待設計師與業主確認無誤再執行，以確保完成面不會和原先構想差異過大。

02

仿清水的螺栓孔填塞及修飾

運用特殊水泥和工具，手工完成後製清水模所有立體造型的修飾與呈現。

Step 1 底塗水泥再整平

以特殊水泥材質（非一般水泥砂漿）塗佈於壁面墊出足夠厚度，並視情況做表面整平。

Step 2 依線稿規劃立體線和孔洞

依照分樣線稿，手工製作立體縫線切割，以及螺栓孔之填塞與修飾工程。

Step 3 拉出表面樣式紋理

依金屬、木紋、紙模等需求，做出面的立體質感，如，木紋模即由師傅以特殊工具，手工拉出一道道紋路。

圖片提供／朋柏實業

圖片提供／星達塗料

03 著色壓花

於後製清水模表層模擬出灌注清水模的深淺陰影、獨特水痕等，甚至點點氣泡瑕疵，讓整體呈現更趨自然，考驗著師傅們的美學素養。

Step 1　調配色砂顏色

依需求調配面塗色彩，各家配方和基料或有不同，多為水泥色砂或水泥色漿類之材質，相較一般塗料更趨近水泥真實質感。

Step 2　再次確認紋理樣式

設計階段雖已有打樣，正式施工前，建議仍要請師傅先做一小面牆搭配整體空間進行二次確認，覺得合適再繼續後續著色工程，或是於此階段進行調整。

Step 3　進行表面著色壓花

待紋理樣式確認後，正式進行表面著色工程。

圖片提供／朋柏實業

✕ 📢 注意！　**水泥砂漿未修飾，呆板、不真實**

許多自行仿作後製清水模之廠商或師傅，利用水泥砂漿塑型完成後，未再上漆進行表面紋理修飾，雖同具水泥風格，卻少了份材質的真實感和美感呈現。

Step 4 進行斷差調整與局部修飾

著色壓花完成後,再進行一次斷差調整作業,一方面檢查所有紋理是否接順,二方面再次確認完成面的完整性,依狀況進行細節修整。

◇ TIPS：

洞與線邊顏色略深,更擬真

真正的清水模中,因施工而產生的孔洞和夾板線縫,是它的重要特色之一,建議於著色時,可將這兩處的色彩略微加深,不僅能更接近清水模真實模樣,也能有效提升畫面的立體感。

04

表面保護漆

水泥材質之施作面會有自然的孔隙,亦有藏污納垢和霉菌等問題,建議可在表面施以透明保護工法,一方面延長建材壽命,二方面也填補縫隙解決清潔的問題。

Step 1 選擇保護漆質感

於後製清水模表面施以透明保護漆,共有有光、半光和無光三種選擇,後續保養僅需以擰乾的抹布擦拭即可,相當簡便。

Step 2 室外防護漆須考慮耐候性

若欲施作在室外,保護漆須思考其耐候性和抗 UV 的能力,每家廠商配方各異,耐候性和保固年限亦有差別,如:水性珪烷系面漆、水性氟碳透明面漆,分別強調具有 5 ～ 10 年之保固。

圖片提供＿朋柏實業

磐多魔

著重在基面平整

30 秒認識工法

| 優點 | 無接縫、好清理、不起砂、色彩選擇多元化
| 缺點 | 有氣孔、易吃色、造價高昂
| 價格 | NT. 13,500 ～ 15,000 元（連工帶料，依現場條件及狀況有所差異）
| 施工天數 | 約 7 ～ 8 個工作天
| 適用區域 | 室內／外（不建議使用在潮濕區，如：衛浴）
| 適用情境 | 小坪數空間延伸視覺，以及形狀不一的畸零區域

黃金準則 不貪快、做好素地打底和乾燥作業，保障地坪長久使用

PANDOMO（磐多魔）以無收縮水泥為建材基礎，卻沒有水泥大面積施作時，易收縮、容易起砂、龜裂的缺點。它無接縫的呈現方式，能便於施作在畸零空間，並帶來視覺延伸放大效果；而多元色彩選擇（不提供金屬、螢光色系）、類似天然石材之質感，更是受到大眾喜愛的原因。

目前全台僅有兩家廠商獲得德國 PANDOMO 授權代理，共有 K1、K2 和磨石子三種產品選擇。施作上，PANDOMO 屬於原料廠連工帶料的責任施工，承包商應於施工前 2 個月，檢送材料的型錄、樣品（含色樣）、證明書等，經業主或設計師確認核可再施工，並提供 1 年的保固服務。

此外，因台灣屬環太平洋火山帶，地震偏多，為盡量降低 PANDOMO 完成面產生髮絲紋的可能性，對於施作基面之要求相對嚴格。後續保養需注意有色飲料及酸鹼性清潔劑易造成吃色問題，並避免重物撞擊和傢具的拖拉造成地坪刮損。

✛ 施工順序 Step

 底塗

▶

 中塗（抗裂層）

▶

 面塗

▶

研磨機四道砂紙拋磨 150#、180#（矽鋁砂片∵80#、120#、

▶

 表層防護油和拋磨（重複施作 2 次）

✥ 關鍵施工拆解

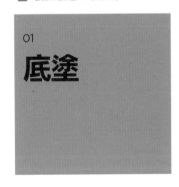

01

底塗

底塗目的在於增加 PANDOMO 的基材強度、提升塗層對基材的附著力。因建築本身結構或地震等因素,都可能造成 PANDOMO 地板出現如髮絲紋之裂痕,故素地事前需有一定標準整理流程,核可後,方能施工打底作業。

Step 1 確認素地狀態

檢查素地狀態是否符合施工標準,否則須退回前製單位處理完成才能施作。水泥素地應予以整平,並養護 28 天達到完全乾燥與堅固平整;若是光滑面(地磚、水磨石、石英磚等),要先打毛粗糙,且不可有空鼓、脫皮或起砂等情形。

Step 2 施作 PANDOMO 底塗工程

滾塗或刷塗上一層無溶劑型環氧樹脂進行底塗,切記須注意均勻、厚薄一致。

圖片提供／亞登士建材工程行

✕ 📢 注意! **施作基面必須完全乾燥**

PANDOMO 之底塗和中塗層都害怕水氣,素地一定要完全乾燥,避免日後產生氣泡隆起現象,影響 PANDOMO 表面出現裂痕。

◇ **TIPS:**
打入抗裂層材料解決空鼓和脫皮
若遇空鼓、脫皮或起砂等問題,一般建議要拆除地坪重新鋪設。若有時間壓力,則可將地坪打洞再注入抗裂層材料(環氧樹脂和石英砂)加強結構,快速改善此一問題,但長期穩定性仍會較差。

02
中塗

底塗和中塗加起來厚約 3mm，分兩天施作，加入石英砂補強結構形成抗裂層，加強地坪的穩固和抗裂性。

Step 1 塗上第二層環氧樹脂

利用不同等級之環氧樹脂施作中塗層，用鏝刀將其均勻塗布。

Step 2 灑上石英砂增強結構

在中塗層未開始硬化時，師傅手工於表面均勻灑上適量石英砂吃入塗層，待其硬化形成粗糙之表面，有效增加中塗層的厚度、硬度以及面漆的咬合度，多餘石英砂則以吸塵器清理乾淨。

圖片提供／亞登士建材工程行

03
面塗

正式塗上 PANDOMO 骨材，其色彩需於施作前先挑色並打樣確認完成，再依樣板進行現場調色與校色，但實際呈現效果仍會與空間大小、色彩深淺和 PANDOMO 種類（K1、K2、磨石子）而有所差異。

Step 1 面塗層均勻塗布

將 PANDOMO 骨材加入適量比例的色料水加以攪拌混合均勻，用高層刀將其均勻塗布使其厚度平均（約 5mm）。

Step 2 消泡滾筒降低氣孔

PANDOMO 骨材攪拌過程易有氣泡產生，可使用消泡滾筒來回數次滾動以減少骨材內之空氣氣泡後，再將整平表面，避免完成面出現氣孔。

Step 3 充足時間等待乾燥

使用水平刀整平表面，經過 24 小時（適溫度及溼度而定）以上的乾燥後，即可進行表面研磨工作。

◇ TIPS：
顏色愈淺，紋路愈淡

PANDOMO 的表面平滑，但顏色紋路卻具立體感，其樣式除受施工手法、材質型號差異影響，色彩不同也會有所差異。一般來說，PANDOMO 顏色愈深，紋理也會愈明顯而立體，淺色則較清淺淡雅，建議廠商和業主之間須先溝通清楚，避免日後爭議。

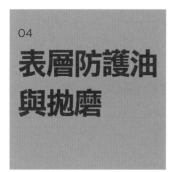

04

表層防護油
與拋磨

PANDOMO 完成面多少會有
些氣孔，故須再塗上一層防
護油，以達保護和防污功效。
完工後，最好給予 3 ～ 7 天
硬化和養護期，方可入住；若
需提前，建議物品不可拖拉搬
運，避免刮傷表面。

Step 1 **表面塗佈原廠保護油**

於拋磨完成的骨材表面，塗抹一層原廠防護石頭油（Stone
Oil），待表面乾燥後，利用打蠟機進行拋光處理。

圖片提供／亞登士建材工程行

Step 2 **重複一次相同工序**

重複一次保護油的塗佈與拋光工序，加強防護。

◇ **TIPS：**
不慎刮傷，可拋磨修復
PANDOMO 表面的淺層刮痕，可請廠商利用專用研磨機進行表面拋磨處理，
即可恢復原樣，但若是嚴重破口，修復後仍多少會有新舊色差。

水泥監工要點

依環境調整成分配比和養護

水泥的原料品質、基底面附著度、施工與凝固期的環境乾濕度，都會影響它的堅固與耐用，如何拿捏得當，考驗師傅的施工經驗和智慧。其中，紋路、色差和裂縫是最常見的工程爭議點，除了配合規劃製作，廠商、業主和師傅三方也須於事前溝通清楚可能的誤差，避免事後糾紛。

圖片提供／頑石設計工坊 李松柏

利用濕海綿清潔素地，避免粉塵影響底材附著力，同步沾濕磚塊以利後續施工水泥水分不被磚面吸走。

✛ 建材檢測重點

1 廠商依口碑和過往實績挑選

為確保找到的廠商有能力施工，除了找有口碑的廠商外，可要求至現場實際檢視廠商過往施工作品；若無法配合，也可至其展示間確認挑選。

2 包裝不可出現破損

在材料進場施工前，應提出廠證明以確保品質，並確認包裝不可有破損或裂口，以水泥為例，若有濕氣入內就會導致原料硬化之情形。

3 簽約並索取保固書

因為泥料施工有較多不可控制因素，可在溝通完成後，簽約載明細節，日後發生糾紛或歧見時，雙方都能有所依據。此外，有口碑的優良廠商一般都會付保固書給顧客，記得索取，避免日後若有問題卻求助無門。

4 確認原廠授權書

由國外導入之產品工法（如：PANDOMO、優的鋼石、SA菊水工法等），多半會給予台灣代理商施工授權書和材料證書，再由該代理商訓練當地工班執行。故在尋找這類廠商時，可要求出示原廠授權書，以確保材料及施工之雙重保證。

➕ 完工檢測重點

1 素地一定要清潔乾淨

不論何種面材都需佈建在素地之上，事前清潔一定確實。舊地材最好全部拆除至 RC 層，尤其牆角殘泥都要一一敲除，才不會影響打底和 RC 層的附著力，易有裂痕；光滑面也能簡單打毛處理，但就長期使用的穩固性仍有差。因每位泥作師傅的「乾淨」標準不一，需注意提醒。

2 素地整平須養護和乾燥

一般素地多需以水泥整平，依使用需求有時也會抓出傾斜角度。若是新作，須養護 28 天以上，務必等到地坪全乾再進行後續動作，以防溼氣無法散出造成面材龜裂、氣泡隆起等現象。

3 清楚溝通素地條件避免二次施作

一般裝飾性工程（如：後製清水模、PANDOMO 等）多不包含素地整平作業，業主與廠商事前須溝通清楚素地條件，並請前製單位先行規劃完成，以免素地未達施作標準，重新處理而導致工期延長。尤其後製清水模工法在台灣仍不算普遍，工班熟悉度不高，更易遇到此類狀況。

4 做好環境清潔與防護鋪設

將所有妨礙鋪設接著之汙染物確實清理乾淨，並完成周邊防護作業，確保施工過程不影響到其他已完成面。完工後，若有其他後續工程也應將完成面包覆保護，避免受到污染與破壞。

5 清楚溝通需求及想法

水泥類建材的美感認定偏向主觀，一定要和設計師或廠商清楚溝通風格樣式，並務實地自我評估能否接受可能的風險（如：色差、裂縫等），再決定是否施作。

6 天氣過熱需適當灑水養護

水泥施工與硬化過程受溫度跟濕度影響有所差異，需要適量灑水養護，太溼或太乾都不合適，且需避免陽光直射或強風吹撫，防止水分蒸發太快，導致水泥強度不足或乾縮裂縫、起砂等問題。

7 檢查表面的平整度和接合度

檢視完成面的平整度、有無破口或刮撞傷，牆角或接角處必須平整乾淨且完全接合，若有裂縫則先確認是否在當初討論的可接受範圍內，視情況也能請廠商再次打磨或修補。

8 整體色彩是否均勻

確認整體顏色是否均勻；因不同批水泥原料、水和水泥砂／色粉的配合比等，都可能左右建材最終呈現效果，若非色差過大，應屬於正常現象。

圖片提供／星達塗料

事先的放樣需精準，否則會影響到後續施工。

9 使用打樣核對色彩及花紋

包含後製清水模、優的鋼石或 PANDOMO 等，消費者都可先與廠商溝通喜好的色彩和風格，並打樣確認；驗收時，亦可利用此樣板進行核對，確認最終成果是否與當初設計一致。

10 線稿放樣確認施作定點

底漆塗佈前，依設計圖在牆面手繪標示出分割線和孔洞位置，提供業主和設計師確認或調整，後續工程將以這些定位點進行施作。

11 確認後製清水模的線縫和孔洞細節

後製清水模尚須檢視其孔洞和分割線的收邊有無瑕疵、線條是否足夠自然與筆直等細節，視情況請廠商進行修飾調整。

常用水泥裝飾材

注重素地整平與乾燥

當以水泥基底之建材作為裝飾面材時，因施作的厚度多不太厚，並且考慮材質接著力的問題，須注意素地一定要整平、完全乾燥，且填起氣孔和裂縫，否則就易從裡而外形成破壞，影響面材的美觀和使用壽命。

圖片提供／林淵源建築師事務所

清水模

| 適用區域 | 所有空間適用
| 適用工法 | 現代、日式、LOFT 等空間之風格表現
| 價格 | 視建築設計而定

特色

所謂的「清水」係指混凝土澆置完成、模板拆卸後，表面不再進行任何修飾處理（僅塗佈防護劑）；而「清水模」則是現代主義建築常見的一種表現手法，彰顯出混凝土自然的色彩質感，以及剛柔並濟、質樸穩重的特色，深受大眾所喜愛。而它更深層的意涵則代表著一種「精神」，象徵整個團隊（設計與施工）共同依靠有效的統合規劃，以及完整的專業知識、設計溝通，合力完成的一件作品。

因灌注的清水模造價高且無法修補，對於施工精準度的要求很高，稍有不慎就易有瑕疵，尤其遇到爆模、垂直水平誤差過大等問題，通常只能打掉重做，無異增加成本損耗，相當考驗施工團隊的專業經驗與整合性。於此同時，設計者與施工者也需充分溝通，切忌一味重視設計感而無視施工問題，反易導致失敗或缺失產生。

對於清水模的愛好者而言，施工無法避免會發生流湯、表面小氣泡、顏色不均等小瑕疵和不準確性，正是這項建材的特質和迷人之處。驗收時，除了檢查是否有傾斜、裂縫或蜂窩現象等，也需確認建築溝縫（如：滴水線、分割縫等）的精確度或有無遺漏，若要求更加光滑，表面小氣泡可以鏝刀鏝平修飾。

挑選注意

清水模須採取專用模板和繫結件，一方面是加強模板的穩固性及水密性，另一方面則因清水模板將決定完成面的呈現。目前，常見有木紋板、菲林板、膠板、鋼模、鋁模等，也有以塗裝防水夾板、美耐板取代之作法，但這類模板僅能使用一、兩次即報廢，價格相對提高。

施工注意

配合構件斷面或配筋量訂定混凝土坍度與水膠比，並規劃模板計畫、計算單次灌漿範圍，以免板模負荷不了產生沉板、變形、扭轉或嚴重漏漿等問題。混凝土澆灌時，需注意搗實並排出空氣，以免產生粒料分離的蜂窩現象。此外，工地和模板都要清潔乾淨，以防雜質混入混凝土，完成面塗上防護劑填補混凝土本身的毛細孔，避免吸水滲水與表面風化。

圖片提供／林淵源建築師事務所

自平水泥

| 適用區域 | 地面（需考慮洩水問題）
| 適用工法 | 水泥風格地坪呈現，或作粗胚打底的替代
| 價格 | 約 400 元／包（依現場環境狀況有所差異）

特色

自平水泥，又稱自流平水泥，是藉由地心引力讓水泥自體鋪平的一種工法，能有效降低地面「不平」的可能性，並拉平鏝刀痕跡、表面孔洞等瑕疵，平均完工厚度約 3～5mm。

自平水泥的主要成分是高流展度水泥，原料單價較水泥粉光更高，施工卻相對簡單、快速，當材質水化凝固後，雖可達到 3,000psi 的高硬度，仍可能有起砂問題。自平水泥通常被作為粗胚打底之替代，表面再施作水泥粉光面，或鋪上木地板、塑料地板等；若作面材使用，表面可塗上 Epoxy 或水性壓克力樹脂做保護。水性壓克力樹脂需先塗刷 1 道稀釋液（加入 5～6 倍清水稀釋）作為滲透底漆，再塗上 2～3 層原液完成保護，相較 Epoxy 更自然，但水泥顏色會略微加深，帶點陳舊感。

挑選注意

自平水泥需採用高流展度水泥，利用材料本身優秀的流展性和強度，達到水泥自體鋪平的效果和耐用性，只要加入適當水量攪拌至均勻、無顆粒即可施工，水砂之配合比例會依各家廠商有差異。每批次的配比則要相同，否則不只顏色深淺不同，強度亦會不同。

施工注意

施工前，素地須先清潔乾淨，地面孔洞可採取水泥砂漿填土整平，或塗佈壓克力樹脂（加水稀釋）堵住毛細孔；若遇裂縫或大落差，務必先以水泥砂漿修補完成再施作。施作時，將攪拌妥當的自平泥均勻鋪開、鏝平，並確認地坪厚度和銜接處之平整度，靜待約 24 小時即乾燥形成平滑、堅固的地坪，但仍建議等待 2～3 天完全乾燥後再入住。

優的鋼石

| 適用區域 | 地面、壁面
| 適用工法 | 小坪數延伸視覺、彩色水泥類地坪之呈現
| 玻璃價格 | NT.9,000 ～ 11,500 元／坪（連工帶料，因加入其他功能而有差異）

特色

優的鋼石以德國 Wacker 水泥材質為基礎材料，與 PANDOMO 同屬無收縮水泥，都有多彩選擇、雲朵般的天然紋理，施工方式和質感亦頗為相似，故兩者經常被相互比較。

規劃上，優的鋼石常見於地坪和壁材的呈現，完工厚度約為 5mm，比水泥地坪略輕，硬度卻更高。施作基面的限制不多，包含磁磚、水泥砂漿、三夾木板等材質皆適用，但須先以水性樹脂底材將磁磚溝縫填平方可施作。

整體施工分為底漆、中塗、面漆等多道工序，約 7 ～ 10 天施工期與 7 天的完工養護，最後於表面塗上水性奈米面漆保護，靜待 24 小時後，即可入住。

挑選注意

有磨石子、大理石、雲彩紋等樣式和色彩，可打樣確認再施作。其中，雲彩紋近粉光水泥之感，與大理石紋同樣需賴師傅手工拉出。若想更加強地坪強度，可在底塗前先塗一層玻璃纖維防止素地水泥裂開，藉此減少表層龜裂的機率。

施工注意

施工前，素地須先以水泥整平，並讓地坪完全乾燥（約 28 天養護期）；若有裂縫，可以環氧樹脂加砂做補強結構，確保未來不會出現二次龜裂。此外，四周環境應保持乾淨，以防蚊蟲或雜物掉落塗層，影響施工品質。

8

塗料

補土刷平，漆面優劣關鍵

無論是新居落成、中古屋要大肆改裝、或只是居家小換表情，為牆面上妝漆飾，幾乎是所有裝修工法中最基礎、也最具效果的變裝工程。事實上，漆作不僅是能為空間增色添彩，同時也兼具保護牆面的作用，尤其塗漆施工的工法簡易，工具與材料也相當普及。因此，成為許多屋主做修繕 DIY 時的首選工程，並發展出許多不同工法。

專業諮詢／ ICI 得利塗料、虹牌油漆、昱承設計、特力幸福家

✛ 常見施工問題 TOP 5

TOP 1 油漆過後沒幾個月，怎麼牆面就出現漆膜起皮凸起的現象啊？（解答見 P.161）

TOP 2 完工沒多久，怎麼牆面就出現醜醜的裂痕呢？（解答見 P.162）

TOP 3 牆面顏色不均勻、有刷痕，這樣算瑕疵嗎？（解答見 P.171）

TOP 4 上漆前，舊牆面的污漬沒清乾淨是正常的嗎？（解答見 P.161）

TOP 5 燈光一照發現牆面不平整、有波浪狀，但漆面是均勻的，是為什麼呢？（解答見 P.165）

✛ 工法一覽

	手刷漆法	噴漆法	滾輪塗漆法	木器漆噴漆法
特性	最常見的塗料施作工法之一，施工的刷具容易取得，手法也簡單，可依局部或大面積來選用大小尺寸的毛刷，但刷塗效果好壞全控制在師傅的技術優劣上。	噴漆法是所有工法中效果最均勻、光面，且工時快速的，但由於必須透過噴槍機器才能施作，是專業級師傅常用的工法，一般 DIY 者較少用。	藉由寬版刷面的棉布滾筒刷重複來回地在平面滾刷，可以快速且均勻地為牆面上漆，是牆面刷漆 DIY 最常見的工法。 👍 **最省力**	多以手刷與噴塗二種工法，一般木傢具、櫥櫃多以手刷，至於木天花或大面積者可選用噴塗，其中噴塗法表面光滑度最佳。
適用情境	適合空間小，空間內傢具及雜物較多的地方	適合空間大，空間內傢具及雜物較少的空間	可以接受油漆表面顆粒較粗的空間	櫥櫃、傢具、天花板、牆面
優點	👍 **最傳統** 工具準備便利，局部角落的工程也適合	👍 **漆色最均勻** 工程快速、美觀，需上仰施工的天花板最為省力	特殊滾筒紋理產生手作感	噴漆最為均勻，手刷則較能表現木紋理
缺點	技術不純熟者容易有刷痕、施工速度慢	觸碰後易產生刮痕與手痕	漆膜厚薄不易控制，漆面顆粒較大，較耗漆	手刷漆易在木件上留下刷痕
價格	NT.350～950 元／坪（連工帶料，不含批土）	NT.500～1,100 元／坪（連工帶料，不含批土）	約 NT.300～900 元／坪（連工帶料，不含批土）	依施作數量、面積和上漆道數而定

※ 本書記載之工法會依現場施工情境而異。
※ 施工價格僅為參考，實際價格會依市場浮動而定。

手刷漆法

方便操作，但易有刷痕

30 秒認識工法

| 優點 | 工具簡單易取得，局部施作
也可以
| 缺點 | 施作速度慢
| 價格 | NT.350 ～ 950 元／坪
（連工帶料，不含批土）
| 施工天數 | 7 ～ 14 天
| 適用區域 | 室內各區的天花板、牆面
| 適用情境 | 小空間，室內傢具及雜物
較多的地方

黃金準則　訣竅在於來回、左右、上下多次重複刷，
避免留下同一方向的刷毛痕跡

這是最普遍而傳統的塗漆工法，可由修繕大賣場或五金行中購得塗料與塗刷工具，即可進行牆面粉刷的工程。徒手刷漆的工法速度礙於刷子面積小，所以施作的工時較久，但是，不易受牆角或轉折的限制，甚至小小的邊框也可輕鬆刷，自由度很高，也可有藝術性的創意發揮。一般人擔心手刷牆面容易有刷痕與刷毛問題，其實專業師傅還是可以刷出很平整光滑的牆面，而且手刷的牆面若想局部補漆較容易，不像噴塗工法若局部用手刷補漆，就會產生像補丁般有接痕的突兀感。

✛ 施工順序 Step

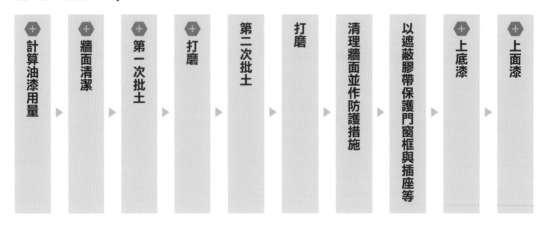

計算油漆用量 ▶ 牆面清潔 ▶ 第一次批土 ▶ 打磨 ▶ 第二次批土 ▶ 打磨 ▶ 清理牆面並作防護措施 ▶ 以遮蔽膠帶保護門窗框與插座等 ▶ 上底漆 ▶ 上面漆

✦ 關鍵施工拆解

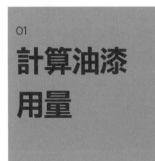

01

計算油漆用量

如何準確計算出用漆量呢？依據想塗刷空間的地坪面積乘以 3.8 倍，可約略計算出天花板與牆面的塗刷面積量，如果只刷牆面則只需乘上 2.8 倍，接著再依選定產品各自不同的耗漆量，即可估算出需要的用漆量。

Step 1 **丈量坪數，再依漆罐標示計算漆量**

* 坪數 ×2.8= 漆牆面積。
* 坪數 ×3.8= 漆牆 + 天花板面積。
（註：1 平方公尺 = 0.3025 坪，1 坪 = 3.3058 平方公尺。）

坪數 ×2.8= 漆牆面積

插畫／黃雅方

◇ TIPS：
依照屋高計算面積
由於每間房子牆面高度不同，會形成塗刷面積計算誤差，計算時可依自己屋高來斟酌增減。

Step 2 **窗戶大小也是關鍵**

牆面漆量還需考慮窗戶的問題，若遇有落地窗則可減量；至於屋高可依 2.6 米為標準，再依據自家屋高來斟酌加減漆量。

◇ TIPS：
準備用具
除了塗料與補土，還需要準備大、小尺寸的毛刷、刮板、砂紙、抹布、調漆桶、攪拌棒、遮蔽膠帶、防護布。

02

牆面清潔

如果是新砌牆面，通常只需簡單清潔、擦拭粉塵即可。若是舊屋翻新則需視牆面狀況，若有嚴重壁癌要先另行處理；一般牆面則要仔細檢查有無異物，避免牆面有附著物影響之後的批土與油漆效果。

Step 1 **檢查並去除牆表面的異物**

事先檢查有無釘子、膠帶等異物並去除，至於表面的污漬則可不用處理。

Step 2 **脫落的舊漆膜應刮除**

使用刮刀將舊有破損或不平整的漆膜鏟刮乾淨，再以鋼刷將粉塵清除刷掉。

✕ 📢 注意！ **油漬沒打除，小心牆面會變凸**
若牆面上發現有油漬，最好刮除打掉一層水泥層，以免造成批土與油漆層無法附著，發生日後凸起的狀況。

批土與打磨

批土主要是以樹脂石膏類的產品將牆面凹洞補平。此步驟很重要，因為若未將牆面批土做得平整，表面坑坑疤疤，無論漆上哪一種漆都無法遮掩瑕疵，會使牆面呈現凹凸不平的質感。

Step 1 先從大面積開始批土

以刮刀取適量批土填平凹洞處，批土的動作可先由主要坑疤區與較大的面積處做起，接著局部小處作「撿補」的動作，直到表面完全平整為止。

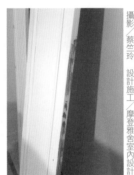

攝影／蔡竺玲　設計施工／摩登雅舍室內設計

Step 2 施作櫥櫃、門框與牆面的交接處

木工櫥櫃及門框等處因與壁面為不同材質的結合，在接縫處也要做批土的動作，才能保障漆牆沒有裂縫。另外，若牆的基底是板材類，則要考慮接合處的接縫處理，避免才刷好油漆的牆面在接縫處出現裂痕。

Step 3 第一次打粗磨與清潔

將批土後的牆面用研磨機做磨平動作，並清潔牆面上的粉塵。

Step 4 做二次批土、打磨與清潔

由於批土會因為乾燥而收縮，所以第一次批土後必須等待至少四小時以上，讓批土處固化、收縮，然後再重複動作做第二次披土；之後再等乾燥後打磨並清潔，完成後檢視牆面是否平整，凹洞過大的地方有可能還要再做三次批土。

📢 注意！ **批土前需用填縫紙或 AB 膠填補板材間隙**

木作天花板與輕隔間是採用板材封板，需使用專用填縫紙或 AB 膠來填縫並黏著。在批土之前，需上 2 次 AB 膠，上完第一次的 AB 膠後需間隔 24 ～ 48 小時以上，再施作第 2 次。AB 膠上完後需等 3 ～ 5 天再批土。

04 上底漆

底漆就像是女人臉上的底妝，如果沒有完美底妝就不可能接著化出漂亮的妝容。而為了幫牆面做好打底動作，底漆通常會上至 2 ～ 3 道，一般師傅常講的「幾度幾面」，其中幾度指的就是幾道底漆的意思。

Step 1　選擇底漆

底漆通常不只上一道，除了選擇專用底漆，也有人直接用水泥漆當底漆，至於乳膠漆雖然也可以，但因價錢較高，而且遮蓋力較水泥漆差，因此較少選用；而在底漆顏色上多半採用白色作基底。

Step 2　上漆

無論是手刷塗漆或選用其他工法，專業的油漆師傅通常在底漆部分會選擇以噴漆方式，主要是可以節省不少工作時間。

Step 3　等乾燥後打磨，再重複以上工法

一次底漆無法遮蔽牆面泥色或原有髒汙，因此可以等牆面乾燥後進行打磨，接著再施作二次底漆。乾燥時間與環境的溫、濕度有關，一般約需四小時，待二次底漆乾後再檢視是否需要做三次底漆。

設計施工／摩登雅舍室內設計
攝影／蔡竺玲

> **✕ 注意！　底漆被換成雜牌產品**
>
> 由於底漆在漆面完成後並不會被看到，所以若在簽約前沒有言明品牌，有可能在施工過程中被師傅換成雜牌產品，因此，建議在簽約時最好先跟師傅問清楚用什麼漆？哪個牌子的？避免有表裡不一的偷工問題。

05 上面漆

選擇手刷塗漆者，建議將漆料加水稀釋後才不會太稠，可以讓塗料刷動較滑順，也可減少刷痕的產生，但缺點是漆膜若太過稀薄容易透出底漆，所以可依產品說明先加少量水，多調幾次就能找到自己適合的濃度。

Step 1　將塗漆充分攪拌調勻

塗料長期靜置會有沉澱的狀況，因此，塗料使用前一定要以攪拌棒依順時鐘方向充分攪拌均勻，讓上下漆料不會有色差，才能刷出牆面的完美色調。

Step 2　上漆

面漆通常會上 2 道以上，除了可避免厚薄不一與刷痕明顯，也可讓色彩較飽和、會更漂亮。

設計施工／摩登雅舍室內設計
攝影／蔡竺玲

◇ TIPS：
好刷子減少刷痕與掉毛

刷子是手刷漆工法的靈魂，許多專業師傅指定使用的兔毛排筆可減少掉毛，同時以來回刷、左右刷與上下刷的多次刷動工法，就可刷出幾乎看不出刷痕的專業水準。

噴漆法

施工迅速，漆膜光滑無瑕疵

黃金準則 噴槍來回掃動的動作要確實，且盡量保持相同速度的擺動，可避免局部區域受漆較薄的問題

噴漆工法屬於專業的油漆師傅才會使用，一般屋主因為沒有高壓噴漆機，所以較不會選用。師傅選擇噴漆工法主要在於施工較快速，且漆面很均勻，尤其使用在天花板上最省力，也可減少油漆滴落的問題。不過，噴漆最好使用在空屋，或是將空間中所有物件均妥善包覆，以免物品或室內裝潢被飄散的漆汙染。為避免噴漆堵塞機器，塗料需加適度的水稀釋，因此漆膜較薄，需要多上幾道。此外，比起其它工法，噴漆前的牆面處理要更平整，比較講究的師傅每次噴漆後還要做打磨，就是務求牆面平光無瑕。

➕ 施工順序 Step

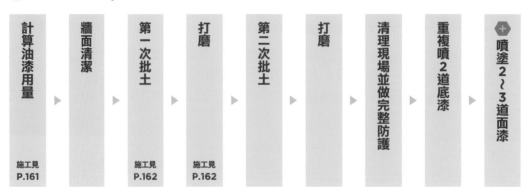

計算油漆用量 施工見 P.161 ▶ 牆面清潔 ▶ 第一次批土 施工見 P.162 ▶ 打磨 施工見 P.162 ▶ 第二次批土 ▶ 打磨 ▶ 清理現場並做完整防護 ▶ 重複噴 2 道底漆 ▶ 噴塗 2～3 道面漆

✛ 關鍵施工拆解

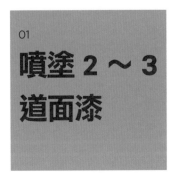

01

噴塗 2 ～ 3 道面漆

為避免漆料濃稠堵塞噴槍口，會加水稀釋，導致噴漆後的膠膜會較薄、色彩較不飽和，遮蓋效果自然比刷漆與滾塗法都差，因此要多上幾道面漆質感會較好，但也容易造成工程價格飆升。

Step 1 噴塗過程需搭配打磨

噴塗底漆與面漆的過程中，應多次再以打磨機磨平牆面，以確保噴漆面的平整，會讓噴漆效果更加完善。

Step 2 最後一道可稀釋塗料手刷完成

因噴漆漆膜細緻光滑，一有瑕疵很容易被發現，有屋主尚未入住就看到牆面有手印或搬傢具造成刮痕，感覺很不好。建議可在最後一道以稀釋塗料用手刷完成，這樣日後要補漆也比較不明顯。

攝影／蔡竺玲 設計施工／摩登雅舍室內設計

✕ 📢 注意！ 批土不確實，噴漆表面無法平滑

噴漆效果要求均勻平光，但底牆若未確實做好批土工作，或只批一次，在補土乾掉收縮後會顯出凹陷狀，之後噴漆功夫再好也無法彌補牆面不平的問題。

滾輪塗漆法

操作簡單，手感風格強烈

30 秒認識工法

| 優點 | 具有手作感，較省力，不需技巧性，DIY 族最容易操作
| 缺點 | 漆膜較厚、較耗漆，漆痕也較明顯
| 價格 | 約 NT.300 ～ 900 元／坪（連工帶料，不含批土）
| 施工天數 | 7 ～ 14 天
| 適用區域 | 各區的天花板、牆面
| 適用情境 | 可以接受油漆表面顆粒較粗的空間

黃金準則 採用 W 型或上下滾動的手勢，來回重複滾刷至漆色均勻即可

親手以滾筒刷出的牆面可以營造出厚實的手作感與人文味，讓喜歡文青風的屋主特別鍾愛，不過，滾輪刷漆最受人詬病的同樣是漆膜厚、易有刷痕的問題，甚至許多人認為滾輪刷較適合用於外牆。但無論你喜歡不喜歡，對樂於 DIY 族的屋主來說，這算是最簡單、不需技巧練習的工法，同時也可自由變化出許多手感圖案。專家建議想要讓滾輪刷漆的效果提升，再以滾筒刷作面漆前，最好還是以毛刷先上底漆，另外需配合毛刷來為滾筒無法觸及的位置上漆，並作收邊的細節修飾。

✚ 施工順序 Step

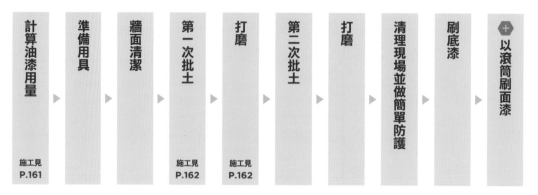

計算油漆用量（施工見 P.161） ▶ 準備用具 ▶ 牆面清潔 ▶ 第一次批土（施工見 P.162） ▶ 打磨（施工見 P.162） ▶ 第二次批土 ▶ 打磨 ▶ 清理現場並做簡單防護 ▶ 刷底漆 ▶ ✚ 以滾筒刷面漆

✛ 關鍵施工拆解

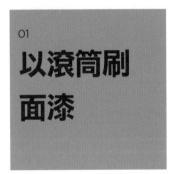

01

以滾筒刷面漆

滾筒刷雖然速度快，但是施工上最大缺點就是滾筒無法觸及牆面的角落，因此天花板、牆線周邊與凹凸狀的窗門框邊、踢腳線等都需要先用刷子上漆，之後再以滾筒刷從邊牆向內用 W 狀、或直向上下的路徑來回滾動，直至牆面上色均勻為止。

Step 1 刮下滾筒上多餘漆料，以免滴漆

將適量漆料倒入漆盤，再以滾筒沾漆達濕潤狀，並利用漆盤上的鋸齒凸痕來刮除多餘漆料，以不滴漆為準則，這個動作可改善漆量不好控制而造成滴漆與漆膜厚薄不一的情形。

Step 2 滾塗動作放慢

滾筒滾塗時速度如果太快，容易讓塗料濺出或造成塗層不均勻的情形，所以滾塗時應盡量保持均速；而第一道與下一道滾塗間需有三分之一的重疊，如此可以掩蓋滾筒交接處的痕跡，讓整體更均勻。

插畫／黃雅方

✕ 📣 注意！ 整牆不周延，形成波浪狀牆面

若師傅只專注在塗漆的工序，忽略前面整牆部分，可能會有上完漆打上燈光才發現牆面不平，這是底牆本身就有凹凸狀，專業工班在檢查後若發現嚴重不平，甚至會以木槌打牆敲平後，再用批土來抹牆做矯正。

木器漆噴漆法

延續木材的美麗好氣色

30 秒認識工法

| 優點 | 噴漆最為均勻
| 缺點 | 手刷漆易在木件上留下刷痕
| 價格 | 一道約 2 ～ 3 坪／公斤，約
　　　NT.300 ～ 600 元。（工錢另
　　　計，也需視現場狀況而定）
| 施工天數 | 1～ 2 天
| 適用區域 | 室木天花板、木牆、木地
　　　板、木傢具等所有木作表面
| 適用情境 | 全室可用

黃金準則　噴塗二度底漆後以機器粗磨，再噴一次二度底漆，以砂紙細磨，反覆 3 次，木質表面更細緻

居家中不少木裝修或木傢具，為了保新、也延長使用壽命，可利用木器漆來為木建材作保護。木器漆可分為水性、油性及天然護木油三類，由於油性木器漆味道刺鼻，加上不環保等問題，因此在室內宜選用水性與天然護木油，其中水性木器漆因價格最平民，最廣為大眾接受。所謂水性木器漆主要成分為水性樹脂、水及添加劑，能夠在木製品上形成保護膜、提升耐磨度，同時也不易龜裂、變形。至於上漆的工法與一般塗料類似，可運用手刷或噴塗兩種工法，大多使用噴漆才能讓表面顏色深淺一致。

➕ 施工順序 Step

準備用具　▶　清潔木表面　▶　上二度底漆　▶　打粗磨後再上二度底漆　▶　打細磨　▶　➕ 噴上透明漆

➕ 關鍵施工拆解

01
噴上透明漆

為避免漆料濃稠、刷不動，通常會將水性木器漆加以適量的水來稀釋漆料，而上漆前可以用砂紙將木製品稍加打磨，這個動作既可清除木皮上的髒污，同時也能幫助漆料吃色。上過一道漆後可再以細砂紙做細磨，之後再重複上護木漆，倘若希望紋路更清晰，可多次重複打磨與上漆的步驟。

Step 1 **待漆膜乾燥後再上第二層**

木器漆若一次塗太厚，容易發生表面乾了、但裡層不乾，甚至可能會有發霉情形產生，因此要分道上漆，每次上漆後需等待 30 ～ 60 分鐘，待其完全乾燥再漆第二層。

圖片提供／演拓空間室內設計

✕ 📢 注意！ **木地板以片為單位上漆**

因經常走動而易磨損的木地板建議每年使用木器漆保養一次，如等褪色再修補會更難處理。上漆時盡量以一片為單位來塗，以免產生接痕，造成漆色不勻的問題。如有局部擦損處則可用砂紙輕磨後再補漆即可。

✕ 📢 注意！ **以羊毛刷施作，避免氣泡、刷痕**

一般傢具塗裝皆以噴塗為主，並適合由專業師傅施作，若刷塗施作建議以羊毛刷並順著木紋以減少氣泡及刷痕產生。

塗料監工要點

首重面要平、色彩要均勻

塗漆工程真的就像化妝一般，從膚質、底妝到彩妝，一個步驟不對就會影響整體。尤其是完成後看不見的「批土」，則負責終結牆面所有問題，並為後來上漆工序打好基礎的關鍵。

攝影／蔡竺玲　設計施工／摩登雅舍室內設計

✚ 建材檢測重點

1 避免使用過期漆

購買或使用漆料時請檢查製造日期，並注意桶罐是否密封，若有滲出物請更換漆料；另外，觀察內容物有無不正常結粒或發臭等現象，若有請勿使用。這些過期產品或保存不當的漆料可能發生不易攪拌、顏色不均勻的情況。

2 選擇功能漆必須對症下藥

公領域或常有手痕觸摸處的空間宜選用含抗污配方塗料，可耐刷洗且保色性較高。特別注重健康的家庭或兒童房、嬰兒房等，可選用具淨味分解功能的天然健康材塗料。家中處於高溫潮濕的區域則可選防潮、防霉性佳的塗料。

3 木器漆選用與檢測重點

要先確認木器漆是要用於室內或室外，市售的木器漆均會註明適用範圍，因室外漆必須抵抗嚴苛的紫外線照射，並克服雨水、露水及大熱天等因濕度變化產生木材的反覆漲縮，因此若將室內型用於室外，很快會引起褪色及劣化等狀況。

◇ TIPS：

選用好施作、好維護的 DIY 材料

準備自行 DIY 的消費者，選購塗料時要注意以加工簡易、維護方便及中小型包裝量為佳，建議可多比價，選用符合使用目的、價格適宜，並有品質保證的塗料。

✛ 完工檢測重點

1 施塗前先塗一小塊確認色系

為展現出自己喜歡的空間色調，在塗料上可由屋主透過色板來自由選色，但提醒可將選中的色板在全面上漆前先請廠商漆一小區塊在牆上，以免造成色板與實際漆色有誤差，產生施工後卻達不到自己要的效果。

2 施工前要做好傢具的防護

施作油漆前必須先幫傢具做好防護措施，窗框、門片四周用遮蔽膠帶貼覆，避免沾染。

3 徹底檢查牆面有無油漬

油漬會造成漆膜無法附著的問題，因此，施工前一定要特別清理，甚至要打掉油漬面後再補土弭平牆面。

4 以燈光照射檢測牆面平整度

批土過程中，可以等乾燥後再拿一盞燈光由側面打光照射，

並由各角度來觀察牆面批土是否已經夠平整，若仍有凹陷狀、或呈現波浪狀的光影則需要再次批土，需經多次反覆檢測，直到牆面完全平整。

5 牆面小裂縫不能忽略

明顯的牆面裂縫在批土時容易被發現，工班也會處理，反而是細小裂縫可能補土不容易填入，因此要以美工刀將裂縫割開，再仔細做批土，以免小裂縫不處理，日後牆面會出現明顯裂痕。

6 底漆要能掩蓋牆面瑕疵

底漆並非有塗就可以，必須能確實遮蓋牆色不均勻或汙漬的問題，由於水泥漆的遮瑕力較乳膠漆更佳，加上水泥漆價格較低些，因此，底漆可選用水泥漆，不一定要用與面漆相同的色彩漆；至於要上幾道底漆則要視牆面狀況以及希望的漆面細緻度而定，一般至少需上二道。

攝影／蔡竺玲　設計施工／摩登雅舍室內設計

窗框四周貼覆遮蔽膠帶。

7 是否使用與報價相同塗料

塗料因品牌與功能不同，在價格上也有不小差異，因此，在談定工程價格時就應該先確認使用的塗料品牌與等級，而施工中最好也能請師傅證明或秀出使用塗料，確認是現場使用的是與報價相同的塗料。

8 木器漆塗膜不應有反白、起皺等瑕疵

上木器漆時要注意塗層必須徹底乾燥才能再塗第二道漆，溫度過低時（接近冰點）或濕度過高時，需延長乾燥時間讓水份充分乾燥。若塗裝施作的間隔過快，導致塗膜未乾燥硬化時就塗裝下一道，木皮表面就可能會有反白、起泡、起皺等現象。塗裝完畢應確實乾燥七天後，塗佈區域才宜擺放重物。

圖片提供／特力幸福家

用透明塑膠布保護傢具。

常用塗料介紹

裝飾、記事、除濕，功能齊全

塗料，是建築物內外最常見的建材，從以往取材於大自然的天然塗料，到後來被廣泛應用的乳膠漆與水泥漆，再到今日運用科技研發出各種不同功能性塗料，讓塗料不只是保護、美化牆面，甚至有淨化、調節溫濕度等效能。

乳膠漆

| 適用區域 | 全室壁面與天花板
| 適用工法 | 手刷、滾塗與噴漆法
| 價　　格 | 約 NT.1,200 元／坪（連工帶料，不含批土）

特色

圖片提供／虹牌油漆

乳膠漆是室內常用塗料之一，其成分大致由乳狀樹脂、色料、填充料、助劑與水組成的，不用添加有機溶劑，只需用水當分散介質的塗料，隨著現代健康意識提升，多家乳膠漆的配方均強調不污染環境、安全無毒、無助燃危險等環保性。另外，乳膠漆因漆膜延展性好、乾燥快，保光、保色性佳，加上耐濕擦的特性，有廠商甚至保證可擦洗達 30,000 次；其次，功能性乳膠漆也是近年趨勢，紛紛推出有防霉抗菌、除醛淨味、恆彩亮麗……等各種功能塗料，尤其許多廠商都提供有電腦調色的服務，數以千計的色彩選擇性更是其它塗料無法比擬的。

挑選注意　除了可依據喜愛的品牌以及價格來選擇外，乳膠漆還有平光與亮光型之分，另外，各廠牌都有推出不同功能型乳膠漆，挑選時應先確認自己的需求與預算，才能挑出自己最適合的產品。

- -

施工注意　乳膠漆因漆膜薄，遮蓋力較差，因此較適合在天生麗質或者是仔細批土過的平整牆面使用，若原始牆面狀況差，即使上完乳膠漆也可能出現坑疤感。另外，乳膠漆的面漆需要多上幾道效果才會比較好，甚至會上到 4 ～ 5 道面漆，但預算可能也會因此而大幅拉高。

圖片提供／ICI 得利塗料

圖片提供／虹牌油漆

水泥漆

| 適用區域 | 全室壁面與天花板
| 適用工法 | 手刷、滾塗與噴漆法
| 價　　格 | NT. 350～600 元／坪（連工帶料，不含補土）

特色

水泥漆是早期最普遍的塗料，可分為水性及油性，但因油性水泥漆（即是傳統油漆）多半添加如苯、甲苯等揮發性有機化合物 VOC（Volotile Organic Compound）作為溶劑，會造成環境汙染，因此多用於戶外，室內已少人使用。而室內用水泥漆則是以水作為稀釋溶劑，成分中不含甲醛、苯等有害化學物質，一旦施工期間不慎沾染皮膚只須用肥皂水清洗即可，觸碰到人體較不易產生過敏反應。水性水泥漆的優點在於易均勻塗抹、乾得快、覆蓋力佳，雖然與乳膠漆比較起來使用，水泥漆的壽命較短，可能 2～3 年就會有變黃、褪色現象，且髒汙無法完全用水洗去除、抗水性也較差，但較高品質的水泥漆還是可耐擦洗達 10,000 次。

挑選注意

除了從顏色、品牌與價格上作挑選與比較外，如果是功能漆如防霉漆，可以跟店家詢問產品是否有檢驗合格的證明，或是不含甲醛、鉛、汞等重金屬的產品保證。

施工注意

水泥漆因為上色較均勻，很適合初次做牆面刷漆 DIY 者，在施工前要注意一定要將漆料攪拌均勻，加水稀釋時請依各產品標示，避免過度稀釋造成色彩不均；選用較深色漆時可先塗上一道白色水性水泥漆，可減少塗料刷塗次數。

圖片提供／特力幸福家

珪藻土

| 適用區域 | 客廳、起居間、臥室、小孩房
| 適用工法 | 鏝刀批塗法、噴塗法
| 價　　格 | NT. 8,000 元／坪

特色

珪藻土為強調健康自然概念的室內裝飾壁材，其主要成分矽藻土是生活在海洋、湖泊中的藻類，經過億萬年的演變而形成矽藻礦物，由於珪藻土的孔隙率達 90% 以上，可發揮超強的物理吸附性能和離子交換性能，因此能達到淨化空氣、消除異味的作用，進而有效去除空氣中的游離子甲醛、苯、氨等有害物質，當然也能淨化室內的菸、垃圾、寵物等氣味。此外，珪藻土的孔隙結構也可應用於吸音及減低高頻噪音上，讓環境更舒適安靜。而將珪藻土塗抹在牆面上，可利用其獨特的分子篩結構讓空間獲得調節濕度與隔熱保溫等效用，實現更健康環保的生活環境。

挑選注意

珪藻土以日本進口為主，挑選時可依珪藻土含量高低作決定。因材質本身具有黏性，高含量的產品只要加水即可成泥狀，無須再加膠水等固化劑使用，加入過多固化劑會使孔隙阻塞，減低珪藻土的效果。

施工注意

除刷塗、噴塗、滾塗等工法，珪藻土在施工上還可用鏝刀批抹，不同工法可創造出不同造型的塗層表面，但無論是鏝刀或噴刷塗抹均可做出不同厚度的塗層，因此施作前須與師傅充分溝通。另外，珪藻土因價格不菲，尤其厚薄直接影響工程造價，可以選擇分區使用不同厚度的塗層，或一個空間中只做單牆，避免耗掉過多預算。

圖片提供／摩登雅舍室內設計

磁性漆

| 適用區域 | 廚房、遊戲間、辦公大樓、學校、會議室等壁面
| 適用工法 | 滾塗、噴塗
| 價　　格 | 約 NT.1,099 元／公升，可塗刷一道，塗刷面積約 3 坪（工錢另計，也需視現場狀況而定）

特色

忙碌的現代人為避免生活中許多瑣事被遺忘，養成以磁鐵將紙條、帳單、相片等小物隨手吸附在磁性牆面的習慣，但一般居家多半只能貼在廚房冰箱門上，往往是密密麻麻難以辨識。現在有油漆廠商推出水性磁性漆，讓您可在家中 DIY 打造專屬的萬用磁性牆。為避免塗料汙染家中空氣，磁性漆是採用水性低氣味樹脂配方搭配磁感性原料精製而成，不會生鏽，塗刷後就像將平凡的牆面賦予萬磁王的能力，瞬間變成磁性牆！如果覺得灰色磁性牆太單調，也可在上面以乳膠漆或水泥漆刷上喜歡的色彩，甚至搭配黑板漆就可變成可寫字、可貼相片的萬用牆。

挑選注意

選擇水性、無刺鼻味的樹脂配方，不添加有機溶劑，刷塗完畢即可立即入住，安心健康，特別是塗刷在牆面上後不會生鏽，可長久使用、重覆吸附。

施工注意

在刷塗磁性漆前需將與塗刷的牆面做基礎清理後，確定平整無髒汙再上漆。塗刷完第一道磁性漆後需等待約 4 小時的乾燥時間，再進行第二道塗刷。由於吸附強度與磁性漆膜厚度成正比，因此施工越多道，磁鐵吸附性越佳，建議可在磁性漆乾燥後先用磁鐵測試吸附力是否達到所需要求。

圖片提供／摩登雅舍室內設計

黑板漆

| 適用區域 | 遊戲間、辦公大樓、學校、會議室等
| 適用工法 | 滾塗、手刷與噴漆均可
| 價　　格 | 約 NT.999 元／公升，可塗刷一道，塗刷面積約 3 坪（工錢另計，也需視現場狀況而定）

特色

無論是讓孩子塗鴉，或想隨時保持互動的親子與家人關係，只要將家中的一道牆面塗上黑板漆，即啟動家人溝通的連結，不僅可分享留言訊息、記錄食譜，粉筆手感筆觸更能傳達溫暖隨興的生活感。目前市售水性配方的黑板漆採用特殊高性能樹脂，搭配高硬度剛玉粉末及顏填料精製而成，為無毒安全的黑板漆；加上塗刷時不須使用任何有機溶劑稀釋，施工低異味，更適合居家使用。此外，黑板牆可耐粉筆書寫、容易擦拭，尤其塗膜強韌可耐刷洗達 100,000 次，不只孩童可隨心所欲地彩繪塗鴉，也相當適合工業風與藝術風的居家風格設計。

挑選注意

選購時應挑選全面無毒的塗料，不含有機溶劑，若有標榜「快乾」或「一層就夠」的塗料，極有可能含有化學成分，應避免使用。

施工注意

清理牆面至平整狀，一般水泥牆表面可直接塗刷，若是木材或金屬表面就需要先使用封閉底漆處理。DIY 使用者建議選擇泡棉滾筒塗刷，施工前請務必將產品徹底攪拌均勻；每一道黑板漆至少需間隔 4 小時才可以刷塗下一道，氣候潮濕時需要更久的時間。每面牆面至少要上兩道，才能達成最佳的使用品質。

9

壁紙

滿批滿塗，才夠服貼平整

表情千變萬化的壁紙，施工簡易、又可快速為室內變裝，是歐美常見的室內壁面建材。早年國人因擔心海島型氣候導致室內濕氣重，易使壁紙脫膠及縮短使用年限等問題，但在越來越注重環境舒適健康與空調設備普及後，壁紙也逐漸受到歡迎。除了風格不勝枚舉，在材質上也數度演進。由早期的發泡壁紙、膠面壁紙開始，轉而從歐洲進口紙質壁紙，接著引進所謂會呼吸的不織布底（即無紡紙）壁紙、以及會自然分解的木纖環保紙等，種類之多、範圍之廣，令人嘆為觀止，幾乎與多采多姿的傢飾布表現不相上下，提供消費者更多元的花色選擇。

專業諮詢／昱承設計、榭琳傢飾

+ 常見施工問題 TOP 4

TOP 1 同一面牆、同一款壁紙貼好後，卻發現圖案花紋不一致、且有色差，是為什麼呢？（解答見 P.181）

TOP 2 壁紙在牆面轉角處以及切割處怎麼會留有髒髒與不平順的膠痕呢？ （解答見 P.184）

TOP 3 兩張壁紙在接縫處有些微細縫與捲起，這是正常的現象嗎？（解答見 P.187）

TOP 4 壁紙貼完沒幾個月就褪色，這是為什麼呢？（解答見 P.188）

+ 工法一覽

	壁紙貼法	壁布貼法
特性	壁紙是改變空間表情的好方法，而且因施作快速、簡單，無論是全面裝修或局部改裝都很適合。壁紙花色選擇性繁多，但工法大致相同，多以拼接貼法為主，主要注意花色接續的問題	壁布與壁紙對牆面同樣具有裝飾與保護作用，連施作工法也大同小異，唯一要注意是壁布幅寬較寬，且壁布在接續處必須重疊後先剖開接縫，接著再對裁後將下面一張多餘的壁布去除
適用情境	除容易潮濕的浴室與易沾油污的廚房外，室內空間均適用	除容易潮濕的浴室與易沾油污的廚房外，室內空間均適用
優點	👍 **選擇性最多** 紙質硬度較布高，操作時相對容易些	👍 **質感好** 壁布因幅寬較大，施工時接縫線較少，施工時間可以縮短
缺點	因幅寬較小，需接縫處較多，施工速度可能因此而拖延	質地較軟，操作黏貼時的技巧較難
價格	依挑選的壁紙而定	依挑選的壁紙而定

※ 本書記載之工法會依現場施工情境而異。

※ 施工價格僅為參考，實際價格會依市場浮動而定。

壁紙貼法

由中間向外拭平，貼得更平整

30 秒認識工法

| 優點 | 簡單方便，且產品款式多
| 缺點 | 壁紙幅寬較小，需多次對花
| 價格 | NT.200 ～ 300 元／支（壁紙貼工）、NT.200 ～ 250 ／坪（批土）
| 施工天數 | 1 ～ 2 天
| 適用區域 | 牆面、天花板
| 適用情境 | 避開潮濕的浴室或易沾染油汙的廚房，其餘均可

黃金準則

黏貼壁紙時除了要注意對齊花紋外，同時也要注意對準垂直基準線，避免壁紙貼歪了

與油漆相同，壁紙無法獨立存在，而必須貼附在底牆基材上，因此，貼壁紙前的牆面清理動作是絕對不能忽略的，如果是水泥牆面上有剝落粉塵、凹凸不平、或是壁癌、發霉等狀況，要事先處理，若是板材類的牆面則要將接縫以 AB 膠補平，以免影響壁紙完成的外觀。此外，在壁紙上塗覆黏著劑的動作也是關鍵，必須確實塗平、塗滿，並且小心溢膠狀況，唯有均勻上膠才能讓壁紙貼得更平整。

⊕ 施工順序 Step

準備工具 ▶ ⊕ 清理並補平牆面 ▶ ⊕ 測量與裁切 ▶ ⊕ 塗覆黏著劑 ▶ ⊕ 貼壁紙 ▶ ⊕ 修邊與清潔

⬡ 關鍵施工拆解

01
清理並補平牆面

壁紙雖可完全遮蔽底牆，但因壁紙需完全服貼在牆面上，一旦牆面有凹凸將如實地表現在壁紙表面，因此整平牆面工作很重要。

Step 1 仔細清理，並批土至牆面平整

首先，要做的是壁面清理與整平工作，須視個別底牆的材質與現況做好基礎整平工序，如果是水泥牆需要做批土、砂磨與清理等工作，若有發霉、壁癌則要另外請人處理。

攝影／Amily 施工／榭琳傢飾 設計／宮乘木苑設計有限公司

Step 2 板材也要先補膠磨平

如果要貼在夾板類材料上，要特別注意接縫處需以 AB 膠補平，若之前已有張貼壁紙的牆面也請徹底清理乾淨，要遵守「滿批滿磨」的不二法門，也就是確實批土與磨平的動作，再等候確實乾燥後才能貼壁紙。

📢 注意！ **舊壁紙必須拆除，再貼新的**

若原本的牆面或門片上已有舊壁紙，通常有撕除後重貼或是直接貼覆兩種作法，但建議撕除重貼最佳，以免不夠服貼。撕除後牆面的油漆通常會一併剝落，因此需預估重新批土油漆的費用。

攝影／Amily 施工／榭琳傢飾 設計／宮乘木苑設計有限公司

📢 注意！ **壁紙請確認為同一批貨**

工廠生產的壁紙，可能出現因不同批號而有色差現象，如果沒有攤開比較時不容易發現。因此，若所需壁紙在一支以上，要跟店家確認是否都是同一批貨，且盡量多備一支，以免同一面牆有色差喔！

◇ **TIPS：**
準備用具

捲尺、直尺、鉛筆、剪刀、美工刀、短毛刷或滾筒刷、刮板、乾淨抹布、海綿。

02

測量與裁切

牆面寬與高除了是計算壁紙用量的數據，也是裁切壁紙與張貼的基準，如不慎弄錯尺寸更可能導致壁紙作廢。

Step 1 **實際測量牆面高度與寬度**

先丈量需貼壁紙的牆面高度和寬度，並以壁紙幅寬為準，在牆上先做定位記號，最好能用鉛筆或用雷射水平儀標示垂直基準線。

攝影／Amily　設計／宮乘木苑設計有限公司　施工／榭琳傢飾

Step 2 **裁切壁紙**

依照測量的牆面寬度先計算出需要的壁紙張數，再以高度來裁切壁紙，請注意在裁切時需在上下各多留 2～5cm 以利黏貼施作，也就是牆面高度加上4～10cm。另外，若需對花，裁切時也需注意。

攝影／Amily　設計／宮乘木苑設計有限公司　施工／榭琳傢飾

03
塗覆黏著劑

塗覆黏著劑的要訣在於均勻，不要使用小刷子，也別貪快沾過多膠水，可能導致溢膠現象。

Step 1 仔細在壁紙背面和牆面塗覆黏著劑

將裁好的壁紙以背面朝上鋪平，最好拿東西壓著邊角以免捲起，再以滾筒刷或毛刷沾黏著劑，請確實均勻地將黏著劑塗覆在壁紙背面或是牆面上。要注意的是，在壁紙背面需用漿糊，牆面需用白膠，乾得較快。

攝影／Amily　設計／宮棻木苑設計有限公司　施工／榭琳傢飾

Step 2 等候 3 分鐘吸收黏著劑

塗好黏著劑的壁紙需靜置約 3 分鐘，讓紙張可充分吸收黏著劑，均勻吸飽黏著劑的壁紙也會比較好施作。

注意！ 天然壁紙改在牆面上膠較不易髒

若壁紙本身為天然材質或是表面易髒的質地，建議改以牆面上膠的方式，以免產生黏著劑從壁紙背面滲膠到正面。為加強黏著度，壁紙四周的範圍塗佈黏性較高的白膠。

攝影／Amily　設計／宮棻木苑設計有限公司　施工／榭琳傢飾

04

貼壁紙

為了使壁紙接縫處或邊緣不易脫落，可加強以白膠塗在壁紙邊角上，讓壁紙與牆面更牢固地貼合。

Step 1 **沿牆或門框貼起**

將第一張壁紙沿著牆面或門框貼起，特別注意要抓直，同時上方需預留 2 ～ 5cm，在張貼時隨時以刮板由中間向外側拭平，擠出氣泡或多餘的黏著劑。

攝影／Amily　設計／宮乘木苑設計有限公司　施工／榭琳傢飾

Step 2 **對準垂直基準線**

貼好第一張後，第二張壁紙除了要對花，還要對準垂直基準線，接著同樣用刮板拭平，使壁紙確實平坦地貼附牆面。

Step 3 **遇電源出線口要切開壁紙**

牆面若有電源開關或障礙物，此部分不需先做裁切，可先讓壁紙覆貼在電源開關上，稍微用刮刀將周圍壓平，再拿美工刀在蓋板上切出對角十字，接著以刮刀壓住蓋板邊緣，最後用美工刀切掉多餘部分即可。

攝影／Amily　設計／宮乘木苑設計有限公司　施工／榭琳傢飾

攝影／Amily　設計／宮乘木苑設計有限公司　施工／榭琳傢飾

◇ TIPS：

依牆面垂直度和壁紙花色，決定牆角處的施作

一般來說，牆面轉角處採用壁紙延伸的處理較為細膩，L型延伸的貼覆方式，可以避免在轉角看到一道接縫。但若牆面轉角不夠垂直平整，壁紙容易沿牆面產生起伏，反而會更顯得牆角有瑕疵。

05

修邊與清潔

修邊工作主要是將施工時預留的紙頭、紙尾與對花重疊的部分切除，也藉此再做一次最後的檢視。

Step 1 切除多餘的壁紙頭尾

將所有壁紙都貼完以後，就要開始做修邊的工作，拿出備好的直尺壓住牆面邊緣，將之前預留上下各 2～5cm 的壁紙頭尾，沿著邊緣修齊。

攝影／Amily 設計／宮棨木苑設計有限公司 施工／榭琳傢飾

Step 2 交接處以滾輪壓實

兩塊壁紙的交接處利用滾輪壓實貼合，並藉此擠出內部空氣。

攝影／Amily 設計／宮棨木苑設計有限公司 施工／榭琳傢飾

Step 3 清除多餘黏著劑

將壁紙頭尾修除後，再仔細壓平牆面，若邊緣或接縫處有溢出的黏著劑，請以海綿沾水確實擦拭乾淨即可。

✕ ◀三注意！ 仔細擦拭多餘黏著劑

壁紙接縫處的擦拭動作是很重要的步驟，若師傅只是隨便把溢膠痕跡擦掉，可能造成接縫不平整或髒汙，若接縫處細心擦拭，甚至可讓接縫完全看不出來。

壁布貼法

避免用力拉扯變形

30 秒認識工法

| 優點 | 質感佳，產品款式也多元
| 缺點 | 壁布幅寬較大，操作難度較高
| 價格 | NT.400 ～ 450 元／支（壁紙貼工），NT.200 ～ 250／坪（批土）
| 施工天數 | 1 ～ 2 天
| 適用區域 | 牆面
| 適用情境 | 避開潮濕的浴室或易沾染油汙的廚房，其餘均可。

黃金準則　布面的硬度不如紙質，裁邊不像壁紙一樣俐落直爽，因此在黏貼施作過程中應避免用力拉扯，刮板也應選圓潤平滑的造型

壁布表層多以平織布、緹花布與排列布料為主，這類壁布品質好壞初步可由織數多寡來判斷，織數愈多表示品質愈好。當然，還有天然材質或浮雕壁布，以及許多特殊材質的壁布則無法這樣區分優劣。除了基本材質的差異，壁紙與壁布規格也不相同，世界通用壁紙的尺寸以 53cm 為主、輔以日本的 92cm，後來有歐美的 72cm，近年來又慢慢開始有韓國的 106cm；至於壁布則以膠面布底的 137cm 為主體。由於壁紙的幅寬較小，壁布的幅寬相對而言比較大，在施工的速度上，反而壁布較壁紙來得快速。但是，也因為壁布幅寬較大，使操作困難度增加不少，一般建議還是請專業的師傅來施工較妥當，也避免貼壞了或起皺必須整張撕除重做，耗材、耗時也耗心。

✚ 施工順序 Step

準備工具 ▶ 清理並補平牆面 ▶ 測量與裁切 ▶ 塗覆黏著劑 ▶ ✚ 貼壁布 ▶ 修邊與清潔

清理並補平牆面　施工見 P.181
測量與裁切　施工見 P.182
塗覆黏著劑　施工見 P.183

關鍵施工拆解

01

貼壁布

壁布的幅寬尺寸大，材質也較柔軟，貼上牆的動作不容易使力，且壁布的接縫處相較於壁紙較不易處理、也容易看出接線，最好請專業師傅來施作較不易失敗。

Step 1 | 交接處需重疊

與壁紙的工法最大不同處，在於兩張壁布交接處的處理，壁紙的施工以拼接為主，只需注意對花即可，但是壁布的施工需要將兩張重疊後剖開接縫，對裁後再將下面一張多的壁布去除，方式相近、但有所不同。

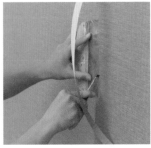

攝影／Amily　設計／宮乘木苑設計有限公司　施工／榭琳傢飾

Step 2 | 施力要輕柔平均

與壁紙同樣要以平滑圓潤的刮板從中間向外將氣泡或多餘的黏著劑推出，需注意力道不可過重，避免柔軟的布面產生起皺現象。

Step 3 | 以撢子取代濕布擦拭

一般塑膠表材的壁紙在貼好後會以濕布稍作擦拭，但壁布因材質多元，尤其天然材質如編織或羊毛、絲質等壁布需較多呵護，只能以撢子輕輕刷拭，去除灰塵即可。

◇ TIPS：
黏著劑優劣是關鍵

黏著劑的選擇很重要，除了牢固度、使用年限也會受影響，有些師傅會用含澱粉的黏著劑，加上台灣氣候較為潮濕，久而久之容易引來蛀蟲。因應的方式除了可以適當選擇進口膠水，師傅在張貼壁紙時要盡量避免讓漿糊溢出，既維持美觀，日後也比較沒有後遺症！

✕ 📢 注意！　**邊角以白膠加強**

為了使接縫處，即邊邊角角不易脫落，務必塗上白膠（就是樹脂）補強。

設計／宮乘木苑設計有限公司　施工／榭琳傢飾　攝影／Amily

壁紙驗收要點

注意需平整不脫膠

壁紙工程的監工要點,並不能只著墨在最後的黏貼成果的驗收,而需要從底材的批土與磨平開始,到膠水塗佈、貼後清潔牆面等,每一個步驟都要落實完整,才能讓壁紙的使用年限更長久。

手工製或以天然材質製成的壁布無法像印刷出來的壁紙一般,仍會具有手製品而產生微小差異。

圖片提供／謝琳傢飾

✚ 建材檢測重點

1 檢視印刷面是否完整

選購壁紙或壁布時的檢查重點在於花色,而以最大宗的印刷類產品來說,最重要的就是看印刷面是否完整、有無脫色的現象。

2 是否有色差

如果同款壁紙的使用量在兩支以上,在購買時請務必要確認是否為同一批號的產品,以免兩支壁紙出現色差的現象。

3 確認耐磨度

壁紙為生活用品,無論是清潔擦拭、或平時行走都會有碰觸發生,因此選購前應問清耐磨度、是否可以濕布擦拭等問題。另外,印刷品是否有殘留甲醛或有害物質,最簡單的可以靠近壁紙,聞一下是否有嗆鼻氣味。

4 了解材質特性

越來越多壁紙強調有功能性,如防火阻燃、防霉抗菌、吸音壁紙、抗靜電壁紙、發光壁紙⋯⋯等,除了可以從壁紙背面看到產品特性的標示,最好也多詢問銷售人員,了解其功能特性。

◇ TIPS:
完工後避開光照、潮濕,讓壁紙保持美色

壁紙褪色的原因有很多種,除了壁紙本身的品質要注意外,有可能是太陽長期直射造成,建議白天應將窗簾拉起作保護;另外,也有可能是黏貼時的膠水比例不當或過量造成,而平日清理時盡量避免以濕布過度擦拭。

＋ 完工檢測重點

攝影／Amily　設計／宮棠木苑設計有限公司　施工／榭琳傢飾

對外窗特別需要注意是否有裂縫，若有裂縫需及時處理，避免滲水導致壁紙毀損。

1 事前需批土整平

壁紙要貼得平整，除了師傅的技術之外，也端賴牆面事前是否有確實批土。需先將突起處以刮刀刮平，再以批土整平。

2 切割是否平整

檢測壁紙或壁布的施工品質，首先要注意的是壁紙邊緣的切割是否平整，切割線歪斜會讓牆面質感大打折扣。

3 徹接縫線是否過於明顯

接縫處也是觀察重點，除了注意對花要精準外，功夫好的師傅甚至可以讓接縫處完全看不出來。

4 施工前需拆卸插座面蓋

若牆面有插座，需事前拆卸插座面蓋，貼完壁紙後再蓋上，如此一來，壁紙與插座的交接處就能更為細緻，不會有明顯的接痕。

5 牆有無溢膠現象

為了讓壁紙黏貼更牢靠，在背面塗佈膠水時份量不能過少，但多餘膠水會影響施作品質，此時師傅會拿刮板將溢膠推至邊緣，驗收時需查看是否有將溢膠清除乾淨。

6 牆面無任何膨起、起皺等瑕疵

平整是壁紙牆的基本要求，牆內不能有任何氣泡、膨起與皺摺等，這些都算是施工的瑕疵。

7 牆色無脫色或不當磨損

檢查同一面牆的花色是否有壁紙色差或是脫色問題。另外，還要注意是否有在完工後因過度清潔擦拭造成的壁紙磨損。

攝影／Amily　設計／宮棠木苑設計有限公司　施工／榭琳傢飾

插座四周的接縫處也需仔細塗抹白膠，才能讓壁紙更為服貼。

8 接縫、轉角是否貼黏牢靠

請特別注意牆面角落及接縫處，由於邊角與接縫若黏貼不牢靠，會產生翹起、脫落等問題，讓壁紙的壽命縮減，應特別檢查一下。

攝影／Amily　設計／宮棠木苑設計有限公司　施工／榭琳傢飾

事前需先拆下插座面蓋，避免完工後壁紙與插座之間產生明顯的接縫。

常用壁紙介紹

表面材多元，各有優勢

壁紙及壁布在居家空間中的運用越來越普及，不僅是因為花色款式多元、可符合各種風格需求，同時提升生活舒適性的功能性壁紙也逐漸問世，滿足了設計品味與健康生活的雙重要求。

壁紙／壁布

| 適用區域 | 壁面、天花板
| 適用工法 | 黏貼法
| 價　　格 | 依材質而定

特色

雖然市面多以壁紙與壁布來統稱，但事實上，壁紙或壁布並不侷限於紙類或紡織品，尤其近年來天然材質或新科技材質也紛紛入列，成為牆面建材新選擇，不過最大眾化的仍是價格較親民的壁紙。一般壁紙可分為普通膠面、發泡膠面、紙面產品，而壁布則有棉、絲、毛、麻等纖維原料，其它還有金屬、玻璃纖維、自然纖維等。除了材質外，功能性產品則有防黴抗菌、防火阻燃、吸音、抗靜電、發光壁紙等，使原本僅具裝飾牆面作用的壁紙，能為居家帶來更多元的保護。

挑選注意

挑選壁紙或壁布產品時，除了花色款式要與空間風格對味外，還需注意產品是否有脫色、破損、厚薄不一等瑕疵，如有難聞的化學氣味，則可能是甲醛等有害物質含量較高，應盡量避免使用。此外，選用功能性壁紙也要問清楚功能與保養方式。

施工注意

無論何種牆面務必平整，前面提出的「滿批滿磨」是必須遵守的不二法門。其次，為了使接縫處及邊角不易脫落，務必塗上白膠（就是樹脂），至於這一兩年非常流行的綠建材，則建議先把膠塗在牆上，比較不容易產生溢膠問題，以及有摺痕現象。

圖片提供／昱承設計

10

玻璃

謹慎挑選，安全最重要

在建築裝潢工程中，玻璃是一種被廣泛應用的建材，幾乎每棟建築物一定會用到玻璃，過去主要作為透明門窗的夾層材料，但隨著技術演進，藉由各種不同加工方式，不只安全性大幅提升，視覺上也迥異於以往認知的傳統印象。屬於裝潢工程後端的玻璃施工，因玻璃經過加工後可能導致無法再進行切割、打磨等動作，因此須先做好施工前設計規劃，不論裁切、打磨或者洗孔都要在強化工序前做好，所有動作在工廠完成後再運送至裝潢現場進行裝設。

專業諮詢／明樓室內裝修設計、界陽＆大司室內設計、相即設計

✛ 常見施工問題 TOP 5

TOP 1 聽說強化玻璃強度比較強，搬運時碰撞到邊角怎麼突然就碎裂了！？（解答見 P.207）

TOP 2 師傅玻璃洗孔位置錯了，不能現場重新切割只能全部重做？（解答見 P.194）

TOP 3 隔間玻璃轉折處沒打矽利康，是師傅忘了嗎？（解答見 P.196）

TOP 4 鏡面玻璃貼上牆面，突然變黑，難道是品質有問題？（解答見 P.197）

TOP 5 玻璃報價有一條修邊費用，只是修邊也要另外算？（解答見 P.198）

✛ 工法一覽

	隔間	裝飾面材
特性	玻璃多由矽利康黏著固定，為加強固定尺寸較大的隔間玻璃，會在隔牆位置天花板處，製作凹槽卡住玻璃固定，防止脫落	裝飾面材以矽利康黏著、收邊，若想加強設計感與裝飾性，可做光邊、斜邊處理做收邊，增加視覺美感
適用情境	藉由玻璃透明特性，有效改善採光、達到放大空間效果。	作為牆面、門片、櫃體裝飾素材，替空間營造出時尚、現代感等不同風格。
優點	👍 **施工最快** 有多種玻璃種類可挑選，並可改善空間狹隘感受，有強調採光、放大效果	👍 **美感佳** 有多種材質種類供挑選，大多有光滑特性，不易留髒汙、方便清潔
缺點	玻璃易碎且缺乏穩密性	並非所有種類皆有做強化，仍須小心避免碎裂
價格	依玻璃材質、厚度而定	依玻璃材質、厚度而定

※ 本書記載之工法會依現場施工情境而異。
※ 施工價格僅為參考，實際價格會依市場浮動而定。

隔間

安全不脫落最重要

黃金準則 利用凹槽加強固定，不用擔心大片玻璃搖晃不牢靠

由於玻璃經過強化工序後就無法再做任何切割，因此須先規劃好尺寸、洗孔位置等；裝潢施工現場則在確定隔牆位置後，在天花板預製凹槽，確實固定隔間玻璃避免脫落；玻璃工程著重完工後的視覺美感，且因為屬於易碎材質，因此施工雖不如其他工程繁複、困難，但過程中仍應細心謹慎，以確保完成品美觀且沒有任何損傷。

➕ 施工順序 Step

做好裁切施工規劃 ▶ 在天花板做凹槽（有框架隔間在組立好框架後，凹槽做在框架上，或以檔板固定玻璃） ▶ 玻璃嵌入凹槽 ▶ 凹槽縫隙以矽利康填平收邊 ▶ 餘三面以矽利康黏著固定 ▶ 安裝門把、鎖具

➕ 關鍵施工拆解

01 做好裁切施工規劃

基於安全考量，居家裝潢普遍使用強化玻璃，但玻璃強化後無法再切割，因此強化工序前，要做好所有切割加工。

Step 1 確定搬運空間與分割計劃

事前確認施工處電梯空間大小，確定玻璃安裝是否須做分割計劃。

Step 2 尺寸切割與洗孔

確認設計尺寸及開孔位置後，進行切割、洗孔。

Step 3 修飾裁切斷面

隔牆轉折斷面，若有規劃裁切斷面修飾、導角，須預先做好。

Step 4 進行強化工序

所有加工完成後，進行玻璃強化工序。

02 在天花板做凹槽

時間一久，會因矽利康硬化黏著度不夠而鬆脫、晃動，因此製作凹槽卡住玻璃，確保未來若矽利康硬化，隔牆發生搖晃，也不至於有立即危險。

Step 1 確認玻璃厚度

確認隔間玻璃厚度，反推計算凹槽所需寬度。凹槽寬度要比玻璃厚度寬約 1～2mm，以便將玻璃嵌入凹槽。

Step 2 製作凹槽

天花板施工階段，在玻璃隔間牆位置製作約深度至少 1cm 的凹槽。凹槽可只做天花位置，剩餘三面以矽利康黏著固定即可。

天花板製作玻璃凹槽。

插畫／黃雅方

圖片提供／明樓室內裝修設計

◇ **TIPS：**
有框隔間加上檔板更牢固
有框隔間也可以檔板固定玻璃，藉此呈現特殊設計或材質美感。通常檔板用於上方和側邊，下方無須放置。

凹槽縫隙以矽利康填平收邊

矽利康除了有填平縫隙美化效果,同時也是固定黏著劑,當需要多片玻璃拼接成一個立面,或者須黏著固定時,都可以用矽利康黏著拼接。

Step 1 矽利康填縫

玻璃嵌入凹槽後,縫細處及其餘斷面打入矽利康填平、收邊。

Step 2 轉折處接合

隔牆轉角接合處除可使用矽利康,還可利用感光膠固定。用感光膠固定,看不見膠合痕跡,收邊更漂亮。另外,兩片玻璃的相接處多為90度垂直相接,也可以45度導角接合。

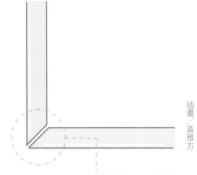

插畫／黃雅方

兩片玻璃45度導角接合,以感光膠固定玻璃轉角處。

- - - - 以90度相接。

攝影／蔡竺玲

◇ TIPS：
玻璃隔間轉角可導角密合
若注重視覺美感,且施工團隊品質具備一定水準,隔牆轉折處可只導角密合;若仍擔心不夠牢固,可再用矽利康加強,注意劑量不可過多,以免影響美觀。

Step 3 與地板接觸位置加墊緩衝材

與地板衛接位置,須塞入緩衝材,然後再以矽利康填縫收邊。

◇ TIPS：
地面緩衝材有效防止玻璃碎裂
一般以軟膠墊作為緩衝材,厚度約2mm,是為了防止地板材質因膨脹擠壓,造成破璃碎裂的緩衝措施,同時也有調整地板高低不平的功用。

裝飾面材

挑選適用黏著劑才夠牢固

30 秒認識工法

| 優點 | 以矽利康黏著即可，施工簡便、快速
| 缺點 | 須特別注意面材適用黏著劑種類
| 價格 | 依玻璃材質、厚度而定
| 施工天數 | 1～2 天
| 適用區域 | 牆面、門片、櫥櫃、傢具
| 適用情境 | 希望利用亮明、光滑特質，豐富空間元素，營造各種風格

黃金準則　採用不同收邊方式可提高安全性，同時增加裝飾效果

玻璃除了應用於隔牆、門窗外，同時也可作為裝飾素材，替空間營造出時尚、現代感等不同空間風格。一般在做好設計後，使用矽利康將玻璃黏於底材並做收邊，由於著重完成面美感表現，還可以光邊或斜邊做收邊，藉此加強設計感與裝飾性。矽利康雖然黏著力極強，但底材表面過於光滑會影響黏著力，而設計中若有鐵件、鏡面材質，則不適用酸性矽利康，因酸性具腐蝕性，會讓鐵件生鏽，鏡面反黑，使用時應注意黏著劑的挑選。

+ 施工順序 Step

做好裁切施工規劃　▶　美化修飾裁切斷面（收邊）　▶　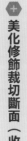以矽利康黏著固定

✛ 關鍵施工拆解

01

美化修飾裁切斷面（收邊）

玻璃裁切斷面過於銳利，因此需要再做修飾，此一動作除了防止割傷，也可藉由不同修飾方式加強其裝飾性。

Step 1 **確認修飾斷面方式**

斷面修飾方式不同，費用也不同，因此須確認後再做施工。

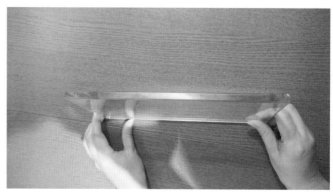

攝影／王玉瑤

Step 2 **打磨修飾裁切斷面**

進行裁切斷面的打磨施工。

◇名詞小百科：光邊
將玻璃的裁切面修飾成不會傷人的斷面，作法為打磨出一個角度後再做拋光。

◇名詞小百科：斜邊
將玻璃表面角度拉大而產生斜面，光線會因斜面角度產生折射效果，出現炫麗的光影變化。斜邊價格高於光邊，且強調裝飾效果，若只是基於安全考量，可選擇以光邊處理。

02

以矽利康黏著固定

矽利康不只可作為玻璃材收邊，也是強力黏著劑，黏性極強可確實將裝飾面材牢固地與底材黏合。

Step 1 **以矽利康黏著**

在底材打上矽利康，並將裝飾面材黏貼上去。

圖片提供／相即設計

◇ **TIPS：**

選用中性矽利康作為黏著劑為佳

裝飾面材為鏡面時，需使用中性矽利康，不可使用酸性的，是因酸性會腐蝕背面鍍銀，讓鏡子發黑。

Step 2 **等待黏著劑乾燥**

以矽利康黏著後，建議等待約 1 天時間讓它完全乾燥。

◇ **TIPS：**

貼在天花時，建議以支架支撐

裝飾面材黏貼於天花時，須同時使用矽利康和快乾膠，快乾膠可瞬間快速黏著，才能避免在等待矽利康乾燥時面材掉落，最安全的作法是另外以支架頂住，直到矽利康完全乾燥。

玻璃監工要點

首重收邊和穩固性

玻璃不論作為隔間或是裝飾面材，收邊與黏著牢固最為重要，不僅是基於安全考量，同時也關乎視覺美感，因此收邊或固定動作是否確實，甚至於黏著劑的選擇，都是玻璃工程中不可忽視的重要細節。

插座開孔需事先在工廠預切。

➕ 建材檢測重點

隔間

1 尺寸是否正確

玻璃裁切及加工大多是在工廠完成後，才運至現場做裝設，因此現場應先就裁切尺寸、開孔位置是否正確做確認。

2 表面是否有破損

先檢查玻璃表面是否有刮傷、破損或裂痕，確定沒有問題再施工。

3 厚度是否正確

檢查玻璃厚度是否無誤。

4 完工後有無刮痕、刮傷、氣泡

確認完成表面有否受損或者產生氣泡。

5 可於邊角處確認強化標記

事後要確認玻璃是否有確實磨邊和強化。強化過後會有標記，可在玻璃的邊角檢查。

裝飾面材

1 確認有無刮痕

確認完成面是否有刮痕、破損，尤其鏡面最容易在施工中不小心刮傷。

2 注意壁面維持水平

建議監工時拿把水平儀測量水平狀況，同時注意施工時壁面一定要夠平、夠硬，才能支撐玻璃並且確保安全性。

⊕ 完工檢測重點

隔間

1 凹槽深度有無確實

凹槽深度至少要有 1cm，才能達到固定效果。

2 按壓隔牆是否會晃動

隔牆完成後，可按壓玻璃隔牆確認是否會晃動，若會晃動則表示不夠牢固。

3 注意整體與邊角完整性

玻璃裝潢驗收第一要點是檢查有無破損，因此先從中距離看整體完整性，接下來近距離看四周邊角的完整，要做到沒有破損、黏貼牢固平整才行。

4 避免尖銳物品刮擦

尖銳物、硬物容易在玻璃上劃出刻痕，應避免玻璃被尖銳物品刮傷破壞。

裝飾面材

1 矽利康收邊有無筆直

矽利康收邊時若呈現彎曲，或接點太多不夠筆直，都會影響整體美觀，因此應注意填縫施作品質。

2 黏貼是否確實

以手按壓確認是否有黏貼確實。

3 注意厚度

局部牆面若以玻璃做裝飾，因玻璃與磁磚的厚度不同，拼

攝影／蔡竺玲

確認矽利康收邊筆直不歪曲。

攝影／蔡竺玲

若玻璃作為戶外陽台的隔牆，需選用耐候性強的接著劑，避免風化脫落的問題。

貼時須留意是否平整，完工後整體才會美觀。有經驗的師傅在泥作打底時，先判斷兩種材質的厚度再予以施作。

4 加保護漆防止水銀脫落

明鏡切割後背面的鍍銀須加保護漆以防止水銀脫落及鏡子變黑。

圖片提供／明樓室內裝修設計

玻璃隔牆要注意鬆動問題，避免造成危險。

常用玻璃介紹

不只引光，更添豐富個性

原本單純的玻璃，藉由不同的後續加工方式，不只可改變其硬度、表面質感，甚至可改變原本透明無色特質，應用範圍因此變得更為廣泛，但因其本質的改變，在挑選及施工上也有些微差異。

圖片提供／相即設計

清玻璃

│ 適用區域 │ 隔間、門窗
│ 適用工法 │ 隔間、裝飾面材
│ 價　　格 │ 約 NT.50 ～ 130 元╱才（僅材料，依厚度會有價格落差）

特色

無色具透明感，且未經任何加工處理的平板玻璃，一般稱之為清玻璃，其特性為透明、脆性、不透氣、具一定硬度，主要作為建築中的透光材料，經常被使用於隔間、門、窗，但由於玻璃破裂時，會形成大塊鋒利碎片，可能造成傷害，基於安全考量，易碰撞的區域現多以強化玻璃取代。原本無色的玻璃，可經由染色為其上色，染成黑色稱為黑玻，染上茶色就是茶玻，染色過的玻璃仍具透明感，但透視效果降低，想保有適度隱密性，可選用染過色的有色玻璃。

挑選注意

使用區域及其用途不同時，應選擇適用厚度，做為隔間或置物層板，建議厚度為 10mm，承載力與隔音較佳；厚度 5 ～ 8mm 適合用來做為櫃體門片，或者單純裝飾用。

施工注意

清玻璃沒有經過強化，裁切斷面銳利，不小心破裂會形成鋒利碎片，因此裁切時應小心避免割傷。

圖片提供／相即設計

夾層玻璃

| 適用區域 | 外牆、隔間、門窗
| 適用工法 | 隔間
| 價　　格 | 依厚度而定

特色

夾層玻璃亦被稱為「安全玻璃」或「膠合玻璃」，是在二片或多片玻璃間，夾入樹脂中間膜（PVB），加熱至攝氏70度左右，讓樹脂中間膜把兩層玻璃緊黏在一起，因夾著強韌而富黏著力的中間膜，所以不易在受衝擊力下被貫穿，有較高之耐震性、防盜性、防爆性、防彈性。除了具備高安全性，可在夾層玻璃夾入紗、宣紙、布料等素材，來增加美觀及獨特性，如常見的「夾紗玻璃」、「夾膜玻璃」即是在中間夾入紗和膜，以達到美化空間或加強隱密效果。

挑選注意

查看產品外觀品質，夾層玻璃不應有裂紋、脫膠，並詢問廠商膠合玻璃的 PVB 材質耐用性，以防使用不久後膠性喪失。夾層玻璃厚度無制式規定，可依需求做選擇，常見厚度為 5mm ＋ 5mm；若在夾層玻璃中間夾入中間材，為避免濕氣進入，導致中間材損壞，可在夾入中間材時多做一道防水工序。

施工注意

夾層玻璃在安裝時應使用中性膠，嚴禁與酸性膠接觸，因酸性膠會侵蝕樹脂中間膜，造成黏性喪失，二片玻璃鬆脫。

圖片提供／明樓室內裝修設計

鏡板玻璃

| 適用區域 | 牆面、門片、櫥櫃
| 適用工法 | 裝飾面材
| 價　　格 | 約 NT.100 ～ 250 元／才（僅材料，依厚度會有價格落差）

特色

鏡板玻璃係於一般玻璃背面鍍上銀膜、銅膜，並以二層防水保護漆等三重加工程序而製成，並根據在不同顏色玻璃上鍍膜而有其差異，如在透明無色玻璃、茶色玻璃、黑色玻璃背面鍍膜，即分別稱為「明鏡」、「茶鏡」、「墨鏡」；經過鍍膜後玻璃即有鏡子倒影效果，運用於空間，可有效延伸視覺放大空間感。隨著玻璃產品製作工藝的進步，鏡面玻璃有走向立體化趨勢，藉由更為複雜的切割工藝，將玻璃切割成類似立體鑽石般的成品，提供消費者更多不同選擇。

挑選注意

可依空間風格需求，挑選不同顏色的鏡板玻璃，不只可豐富空間元素，也能營造不同的空間氛圍。

施工注意

不可使用酸性矽利康，因酸性會腐蝕背面鍍銀，讓鏡子發黑。

烤漆玻璃

圖片提供／相即設計

| 適用區域 | 隔間、牆面、門片
| 適用工法 | 隔間、裝飾面材
| 價　　格 | 依色系、厚度而定

特色

清玻璃經強化處理後，再將陶瓷漆料印刷於玻璃上，經由高溫將漆料熱融於玻璃表面，而製成安定不褪色且富多色彩的烤漆玻璃。烤漆玻璃比一般玻璃強度高、不透光、色彩選擇多，同時具有清玻璃光滑易清理與耐高溫特性，因此使用範圍廣泛，可當作輕隔間、桌面的素材，亦可運用於門櫃門片上，甚至適用於容易遇水的浴室、廚房區域，尤其常見用於廚房壁面與爐台壁面，既能搭配收納櫥櫃顏色，增添廚房豐富色彩，又能輕鬆清理油煙、油漬、水漬等髒汙。

挑選注意

一般平板玻璃皆帶有綠色非完全透明，因此顏色較淺的烤漆玻璃，容易因玻璃的綠色透過烤漆顏色而產生色差，若在意色差問題，建議可避免挑選淺色系，或者選擇優白或超白烤漆玻璃，即可避免色差。

施工注意

烤漆玻璃安裝完成後便無法再鑽洞開孔，因此須先丈量插座孔、螺絲孔位置，開孔完成後再整片安裝；安裝於廚房壁面時，則應事先做好安裝順序規劃，最好先裝壁櫃、烤漆玻璃，再裝烘碗機、油煙機與水龍頭。

圖片提供／界陽＆大司設計

強化玻璃

| 適用區域 | 外牆、隔間、門窗
| 適用工法 | 隔間
| 價　　格 | 依厚度而定

特色

強化玻璃是將一般單層普通玻璃，經過高溫加熱到軟化溫度，然後迅速冷卻，藉此強化玻璃的耐衝擊性，其強度約是一般玻璃的 4 ～ 6 倍；經過熱處理的玻璃強度雖然增強，但受到撞擊時亦會突然爆裂，不過由於碎裂時形成的碎片細小並呈圓型，可減少受傷機會，故被視為安全玻璃之一。強化玻璃在建築上用途甚多，不論是室內的門窗、隔間，或者是運用於外牆的玻璃帷幕，甚至需要負重的玻璃，多採用強化玻璃，應用範圍可說相當廣泛。

挑選注意

目前運用於居家空間的玻璃，已普遍使用強化玻璃，若仍有疑慮，可查看玻璃角落處，是否有浮水印標誌，一般強化玻璃廠商，都會主動在玻璃角落處打上浮水印做為標示，除非向廠商特別要求，才會取消浮水印標示動作。

施工注意

玻璃經過強化後便無法再做切割、洗孔等動作，因此玻璃的切割、洗孔及打磨等處理，需在強化工序前進行；玻璃厚度不足易在強化過程中碎裂，建議厚度至少要 8 ～ 10mm；經過強化雖然強度增高，但若有損壞或出現裂痕仍會突然爆裂，搬運時要小心避免碰撞。

門窗

確保水密、氣密機能完善

門窗向來是阻擋風雨的界面之一，需能承受風壓、阻絕水路，因此施工時，需特別注重防水和結構強度。以鋁門窗來説，有兩種安裝方式——濕式和乾式施工。濕式施工需要用到電焊或不鏽鋼釘將窗體與結構體固定，確保結構穩定，再以水泥砂漿和矽利康填縫，加強防水。而乾式施工適用在不需拆除舊框的情況下，新窗直接包覆於舊窗上，施工時間短，對居住者而言較為簡便。

專業諮詢／正新精品門窗

⊕ 常見施工問題 TOP 5

TOP 1 新窗裝沒多久，感覺就有風吹聲，是門窗關不緊嗎？（解答見 P.217）

TOP 2 舊窗拆除重裝後，過沒多久發現窗戶有膨斗情形，是什麼原因？！（解答見 P.213）

TOP 3 想要省錢不拆舊窗，但有漏水問題，這該怎麼辦？（解答見 P.210）

TOP 4 門片安裝完後卻發現開門會磨到地板，這是什麼原因？！（解答見 P.219）

TOP 5 明明是裝新的鋁窗，但表面確有割痕，是師傅施工不仔細嗎？（解答見 P.221）

⊕ 工法一覽

	鋁窗安裝	門片安裝
特性	**最需注意氣密、隔音、水密** 可分成濕式施工和乾式施工法。不論是哪種施工都要注意窗框與結構體，或是新舊框之間的間隙，要以發泡劑或水泥砂漿填補確實，確保氣密、水密性和隔音等	依照材質有木門和金屬門不同的作法，木門門框需量身訂製，安裝較為費工。金屬門則有現成品較為方便，安裝方式和鋁窗相同，有乾式和濕式之分，但不同的地方在於，門框需焊接固定，確保結構強度
適用情境	新建案或翻新裝修用濕式工法安裝；局部翻新用乾式工法	舊門歪斜或新建案時以濕式施工；無水平、漏水問題，以乾式施工
優點	1 乾式施工快速、無須拆除舊框 2 拆窗後重新施作可解決漏水或歪斜問題	乾式施工快速、無須拆除舊框
缺點	濕式施工容易弄髒居家、工期長	若是不慎沒留出門縫，開闔不順暢
價格	依材質和施工方式而定；電焊施工價格最高	依產品的材質、施工方式而定

※ 本書記載之工法會依現場施工情境而異。
※ 施工價格僅為參考，實際價格會依市場浮動而定。

鋁窗安裝

務必做好水平和防水

黃金準則

抓準窗框的水平垂直線，避免歪斜；窗框與牆壁之間的間隙以水泥砂漿填縫確實、塞好水路，確保不滲水

一般來說，安裝鋁窗的方式可分成兩種：濕式施工和乾式施工法。濕式施工法會使用到水泥砂漿固定窗框，再以填塞水路，施工期間較長，因此適用於新建案、家中重新翻修或是有嚴重漏水的情形。而乾式施工法無須用到水泥或拆除舊窗，可直接包覆在舊窗上施作，施工時間較快，不會對居住者造成干擾。但要注意的是，乾式施工是依附舊窗施作，若舊窗本身已有歪斜或是牆面有漏水情形，則無法解決，若要根治，建議需拆除重新施作防水和安裝窗戶，居住者須謹慎評估。不論是濕式或乾式施工，安裝時都要確認窗框的水平垂直，一旦歪斜，內框也會跟著傾斜，而影響窗體的氣密、水密性和隔音等。另外，也要注意窗框與牆面、新窗與舊窗之間的間隙需填補確實，避免有縫隙造成滲水問題。

➕ 濕式安裝施工順序 Step

丈量現場尺寸後訂製 ▶ 放樣 ▶ ➕ 立框（固定片或電焊式） ▶ ➕ 嵌縫、塞水路 ▶ ➕ 外框蓋上保護蓋板（落地窗型適用） ▶ ➕ 安裝內框與紗窗 ▶ ➕ 調整五金

✛ 乾式安裝施工順序 Step

丈量現場尺寸後訂製 ▶ 放樣 ▶ ✛ 包框 ▶ 新舊框接面打填矽利康 ▶ ✛ 安裝內框與紗窗 ▶ ✛ 調整五金

✛ 關鍵施工拆解

01
立框
（固定片）

固定外框的作法可分成兩種：以不鏽鋼釘打入牆內，釘住固定片，或是用電焊的方式接合窗框和固定片。這邊先介紹一般固定片的作法。

Step 1 抓水平、垂直、進出線

以雷射水平儀確認外框的水平、垂直和進出線，避免安裝時框體歪斜。

圖片提供／正新精品門窗

Step 2 一般固定片固定外框

用一般固定片扣住外框，再打入不鏽鋼鋼釘至結構體，使外框固定。

固定片安裝 - - -

圖片提供／正新精品門窗

✕

📢 **注意！ 需確保固定片的施作密度**

每個固定片之間需有一定的間距，不能太寬，尤其是位於上方的固定片密度如果不足，有可能會造成框料下垂，影響水平與窗體支撐強度。

圖片提供／正新精品門窗

◇**名詞小百科：外框、內框**
所謂的外框是固定於結構體上的窗體，除此之外，其他可拆卸的是內框。

02

立框
（電焊式）

電焊式施工的窗體結構較穩固，適用於受風壓的高樓層、位於開闊地的房屋、大面積的窗體、玻璃厚度比較厚、窗寬比較寬等情形。

Step 1 **放樣**

確認窗體的水平、垂直和進出，避免歪斜。另外，放樣的同時也需抓出每個電焊位置的定點。

圖片提供／正新精品門窗

Step 2 **打入膨脹螺絲，電焊固定片**

先利用膨脹螺絲鎖在結構體上，再以電焊的方式焊接固定片與外框。確保水平位置不會位移，並加強外框強度。

圖片提供／正新精品門窗

Step 3 **塗紅丹漆**

電焊完後，在膨脹螺絲塗上紅丹底漆。

圖片提供／正新精品門窗

✕ 📢 注意！ **電銲處應敲掉焊渣，並塗防鏽**

電焊時，會在外框和固定片產生焊渣，需敲除焊渣，並在焊點處塗上紅丹底漆防鏽。但有時因為縫隙太小難以施作，此施工步驟經常會被省略。若是未敲焊渣或塗紅丹，導致生鏽弱化窗體結構，最後可能會造成窗體歪斜情形。

03

嵌縫、塞水路

嵌縫與塞水路，是在外框和結構體之間的縫隙填補水泥砂漿。等水泥乾燥後，在鋁框與水泥的接合處填上矽利康，讓水滲不進來。

Step 1　清除雜物和灰塵

有些人在立窗時會利用木條、報紙等作為外框的墊料，方便暫時固定外框維持水平。但嵌縫前，要先清除雜物和灰塵，務必要清除這些雜物，以免木條、報紙腐爛後內部形成空洞，水會滲漏進來。

Step 2　調和水泥砂漿，嵌縫

沿著側邊立料與結構體的縫隙上下處分別打入水泥砂漿。由於水泥砂漿為流體，過一陣子下沉後再打入，反覆施作，確實填補縫隙。

圖片提供／正新精品門窗

Step 3　等待 3 ～ 7 天後，填補矽利康

水泥需等待一段的養護期，使水氣散逸，通常為 3 ～ 7 天左右。先上防水塗料，做出一道防水層，再打上矽利康。

填入矽利康防水。

產品提供／正新精品門窗

攝影／蔡竺玲

✕ 📢 注意！　**水泥砂漿打得太快，外框會膨斗**

有些施工者在趕工的情形下，不會等待水泥沉澱，可能會一次打入過多的水泥砂漿，待水泥乾硬後膨脹，反而使窗體變形膨起。

✕ 📢 注意！　**打矽利康時，須留出 1cm 深的溝槽**

填完水泥砂漿後，外框和結構體之間須留有 1cm 深度的溝槽，打上的矽利康才能與外框緊密結合，否則溝槽太淺，矽利康會容易脫落。

◇ **名詞小百科：立料**

外框左右兩側直立的部分，稱為立料；上下側則稱為橫料或是上支料、下支料。

包框
（乾式施工）

不拆除舊框，將新窗的外框直接包覆於舊框外，稱之為包框。事前確認舊框是否有水平歪斜或漏水的問題，若無，才建議使用包框的作法。

Step 1 塞隔音棉、打入發泡劑

在舊框外塞入隔音棉，並打入發泡劑。新、舊框之間會有空隙形成空氣層，當聲音從室外傳導進來會形成音箱效應，因此打入發泡棉及填塞隔音棉，可以填補新舊框之間的縫隙，具有阻絕水路和屏蔽聲音的作用。

Step 2 安裝新框，調整水平

以水平尺調整水平，安裝新框。

✕ 📢 注意！　發泡劑的劑量需適中

發泡劑不能太少也不能太飽，打得太多會撐壞鋁料，導致膨斗；若是打得不確實，事後則需在窗框上鑽孔打入，反而更難調整打入的劑量。

✕ 📢 注意！　舊框歪斜時，新框的尺寸會縮小便於調水平

若舊框水平有歪斜的情況，新的包框長寬會縮小 1cm，方便去調整水平。

圖片提供／演拓室內設計

05
外框蓋上保護蓋板
（落地窗）

安裝完外框後，若為落地窗，需加裝保護蓋板。另外，若是安裝門片也須做相同保護措施。

Step 1 **蓋上保護蓋板**

落地窗下方需加裝保護蓋板，避免出入頻繁造成損壞。

✕

📢 注意！ **出入通道若為落地窗，施工期間下支料要覆以木板保護**

在施工期間經常會有工人或機具進出，因此若出入通道有落地窗，下方的鋁料要特別注意除了要以保護蓋板蓋住之外，謹慎起見建議再覆上夾板作為斜坡進出，也能保護落地窗不致損壞。同理，門片外框安裝完後也須做保護。

06
安裝內框
（橫拉窗）

以橫拉窗為例，不論是濕式和乾式施工，安裝內框（也就是窗扇）的步驟都相同，於嵌裝玻璃後，進行鋁框組裝，再以矽利康填補玻璃與內框間的縫隙。

Step 1 **嵌入玻璃，固定內框**

依照橫、立料上的玻璃溝槽寬度選用適宜厚度的玻璃，並讓玻璃套入玻璃溝槽內，再進行窗框結合。

Step 2 **打矽利康，填補溝槽縫隙**

在內框內外兩側的玻璃溝槽，打入矽利康，填補縫隙。要注意的是玻璃溝槽的縫隙太小，矽利康會吃深不夠，事後容易脫落、走風，甚至會產生熱橋效應。

圖片提供／正新精品門窗

Step 3 **清潔外框溝槽，套入內框**

清潔外框，確認無灰塵砂石後，將內框套入外框中。

✕

📢 注意！　**濕式施工需等 3 ～ 7 天後水泥乾硬，再上內框**

乾式施工裝完外框後就可直接上內框，但濕式施工是以水泥砂漿固定，若馬上套內框，會使窗體太重而下沉位移，因此需等水泥乾硬後再施作。通常約是 3 ～ 7 天，晴天大約是 3 天左右，若遇雨天，等待時間會更久。

✕

📢 注意！　**固定窗和推開窗的外側玻璃溝槽不易打入矽利康**

固定窗和推開窗的施作與橫拉窗不同，窗扇不易拆卸，因此是外框和內框一起上去後再裝玻璃，若是在高樓層的住家，需有鷹架等高樓吊掛作業才可在窗戶外側施打矽利康填補。建議室內側的玻璃溝槽要做防水的強化，避免水流進入。

圖片提供／正新精品門窗

07

調整五金

安裝完內框後，需要調整輥輪、止風塊等五金，讓內框得以抓對水平、順暢開闔，且可有效達到氣密、水密的機能。以下僅列出部分五金的注意事項。

Step 1　調整輥輪高低

調整兩側輥輪，水平需達到一致，避免歪斜。若是輥輪的高低不一，開闔時會磨到軌道而產生異音，也影響內外窗框的密合性。

圖片提供／正新精品門窗

Step 2　止風塊推回定位點鎖緊

內框上方有止風塊的零件，需推回固定位置後鎖緊。

❌ 📢 注意！　**止風塊沒鎖，容易有滲水或風吹聲**

想要拆卸窗扇洗窗時，一定要先轉鬆止風塊的螺絲，將止風塊移開才能拆卸窗扇。因此有些施工者會沒鎖止風塊，原因是為了方便屋主拆卸。但沒鎖緊的情況下，會留出孔洞，因此形成風吹的口哨聲或是有水順著孔洞流進室內，建議還是鎖上為佳。

門片安裝

焊接固定才夠穩固

30 秒認識工法

| 優點 | 乾式施工快速、無須拆除舊框
| 缺點 | 若是不慎沒留出門縫，開闔不
　　　　順暢
| 價格 | 價格不一，依產品的材質、尺
　　　　寸而定
| 施工天數 | 鋼門乾式施工約半天／
　　　　　　樘；濕式施工約 3 ～ 7 天
　　　　　　／樘
| 適用區域 | 全室適用
| 適用情境 | 舊門歪斜或新建案時以濕
　　　　　　式施工；無水平、漏水問
　　　　　　題，以乾式施工

黃金準則 抓對完成面地板與門框之間的間距，避免門片開闔不順

門的安裝，包含門框和門片。依材質來看可分成木門和金屬門，施作方式略微不同，木門以木質角材立門框，門框直接固定於結構體上，有拉水平和包覆修飾的功能，無須填入水泥砂漿或發泡劑。而不鏽鋼門或塑鋼門等金屬材的安裝方式與鋁窗相同，可分成乾式和濕式施工，但不一樣的地方在於，鋼性材質的門扇較重，立門框時一定要以焊接的方式固定，以免結構無法支撐。另外要注意的是，立門框時的高度要以完成面的地板高度為依據，並留出地板與門扇之間的縫隙，避免開闔時會卡到地板。

✛ 金屬門濕式安裝施工順序 Step

丈量現場尺寸後訂製 ▶ 放樣 ▶ ✛ 立門框 ▶ 嵌縫、塞水路（施工見 P.213） ▶ 外框蓋上保護蓋板（施工見 P.215） ▶ 安裝門片 ▶ ✛ 調整五金

+ 金屬門乾式安裝施工順序 Step

丈量現場尺寸 ▶ 後訂製

放樣 ▶

立門框 ▶

保護蓋板外框蓋上
施工見 **P.215** ▶

安裝門片 ▶

+ 調整五金

⬢ 關鍵施工拆解

01
立門框
（濕式施工）

Step 1 抓水平、垂直、進出線

確認門框的水平、垂直和進出線，避免歪斜。

Step 2 焊接錨定

為了穩定結構，門框需以焊接錨定在地板、側牆上。

✕ 📢 注意！ **以完成面地板計算立框高度**

由於會是在泥作工程進去之前立門框，因此門框位置要立多高，必須依照完成面的裝飾地板高度來計算，避免門框與完工地面高度不相符。

設計施工／摩登雅舍室內設計 攝影／蔡竺玲

02
調整五金

Step 1 確認鉸鍊水平

調整鉸鍊水平，門關起來可以確認鉸鍊與門框之間的間隙寬度，上下是否相同。若不同，就可知道有歪斜情形，再予以調整。

Step 2 調整鎖舌與受口位置

門扇上的鎖舌位置需對準門框上的受口。若沒對準，風一吹門就會震動。

將門扇安裝上去後，需調整鉸鍊和鎖舌位置，讓門片維持水平且開闔順暢。

門窗監工要點

注意填縫，塞好水路

門窗最常發生的問題就是窗戶滲水或是門窗關不緊，因此需特別注意防水措施以及五金調整是否有確實。

確實分料，將門窗放在正確的施作區域，避免裝錯。

圖片提供／正新精品門窗

✚ 建材檢測重點

1 注意大門的防火、隔熱性能

住家的玄關門需具有防火、隔熱性能，購買時，可請廠商提供防火試驗報告及經濟部標檢局的商品驗證證書。

2 檢測材料品質

送達施作現場時，首先須檢查門框、窗框是否正常、無變形彎曲現象，避免影響安裝品質。同時需分類放在欲施作的區域，避免裝錯。

✚ 完工檢測重點

1 確認完成面的對齊位置

事前需先溝通門窗安裝完成

的基準線，尤其是鋁窗，大多需會和牆面的磁磚相接，確認鋁窗的完成面要對準何處，避免磁磚與窗框之間的縫隙太大或太小。

2 注意水平、垂直

不論是門或窗，在安裝時要特別注意垂直、水平和進出是否一致。像是組裝窗戶內框時，橫、立料組裝鎖合的力道要一致，否則會變成平行四邊形，使得窗戶歪斜，影響到開闔或氣密、水密效果。

3 電焊式的焊點間距需在 30 ～ 45cm 為佳

為了讓窗框的結構更加穩固，

電焊式施工時，建議每個焊點（膨脹螺絲）的間距需在 30 ～ 45cm 為佳。若是窗框較寬，像是 12cm 的窗框，建議一個固定片焊上兩個膨脹螺絲，較為安全。

4 固定片固定完後儘速填入水泥砂漿

固定片一旦安裝完成，要儘速完成嵌縫，這是為了避免工人碰撞，再加上窗體本身的重量可能會使窗體位移，需填入水泥砂漿使之完全定位。

5 窗框與結構體之間需留 1cm 的深度打入矽利康

由於窗框外側會受到風雨的侵襲，因此能防止水路滲透的矽利康必須要施作確實，填充水路後再挖 1 cm 的深度。窗框與結構體之間需確保有 1cm 的深度，再打入矽利康，矽利康的厚度才有足夠的結構強度，延長使用時限，避免過沒多久就發生脫落的問題。

6 加強固定窗和推開窗的玻璃接合面防水

由於固定窗和推開窗的施工是內外框一起上，再嵌合玻璃，但在高樓層的住家安裝時，室外側的玻璃接合面就無法填補矽利康，除非需再納入鷹架工程或高空吊掛的施作項目。若無此預算，建議要在室內側的鋁框與玻璃的接合面強化防水，避免水氣進入。

攝影／蔡竺玲　設計施工／日作設計

安裝鎖件前先確認鎖舌和受口的安裝位置需一致。

7 門片的鎖舌和受口需調整一致

在安裝鎖件時，門框與門片的鎖件位置必須事前對準，否則位置有偏差，就容易發生關不緊的情況。

8 拆除保護紙時須避免刮傷表面

門窗外側會包覆一層保護紙，在割除時須小心不可劃傷門窗表面避免留下刮痕。建議拆除的順序可先拆上側橫料，再拆兩側立料，這是因為施工過程中保護紙上會有灰塵砂粒，為了避免砂粒堆積在窗框內，因此由上而下依序拆除。

圖片提供／演拓室內設計

確認窗體的安裝位置，需和磁磚的完成面對準。

常用門窗介紹

注意防盜隔音問題

門片可分成玄關門、室內門，大門或陽台門片多使用不鏽鋼、鍍鋅鋼板等金屬材質需具備防盜、隔音的重要功能，室內門多以實木為主，若是衛浴門片則是以防水的塑鋼。選擇窗戶時，要注意氣密、水密的問題。另外以造型來說，百葉窗向來也是不錯的選擇之一。

玄關門

| 適用區域 | 玄關、陽台
| 適用工法 | 門片安裝
| 價　　格 | 價格不一，依產品而定

特色

用在大門的門片需考量安全，因此需具備防盜、防爆，甚至還需符合防火安全標章。常用的材質有不鏽鋼、鍍鋅鋼板等，在相同材質的情況下，門片厚度越厚實，防盜效果也更好，但須注意的是，厚重紮實的門，相對需要足以荷重的鉸鍊。若是鉸鍊荷重不足，就會無法負荷門片重量，反而產生歪斜的情況。玄關門片樣式有單扇、子母門、雙玄關門等，可考慮生活型態的需求來決定，像是若需要無障礙空間，除可考量無門檻的設計，門寬也需達一定的寬度且單扇開闔的設計較為方便。

圖片提供／正新精品門窗

挑選注意　　　　　　挑選時除了注意防盜安全的設計，隔音也是需要特別注意的重
點，門片的材質、厚度不同，會影響隔音效果。或是再搭配配
件，如門框四周的氣密條或毛刷條以及下方的防塵門檔，可填
充門的縫隙，隔音效果更好

施工注意　　　　　　門框定位須符合水平、垂直要求，另外，立面亦不能前傾或後
傾，以免影響開關。可藉由水平儀、鉛垂線等工具輔助驗收。

圖片提供／正新精品門窗

氣密窗

| 適用區域 | 全室適用
| 適用工法 | 鋁窗安裝
| 價　　格 | 依照選用的玻璃、窗框而定，價格不一

特色

具有良好的氣密性，可稱之為氣密窗。氣密窗窗框經特殊設計，並以塑膠墊片與氣密壓條，與窗扇之間間隙緊密接縫，同時還可透過膠合玻璃、複層玻璃，達到聲音隔絕、阻熱的節能功效，也能避免冬天的結露現象。在隔熱方面，別忘了金屬製的窗框也具有導熱效果，因此有部分廠商會在鋁料中加上斷熱材，避免外面的溫度太高影響室內。鋁料的材料和五金配件的設計會影響到價格，鋁料的厚度較厚，價格越高。

挑選注意

先依照自身的環境評估，像是西曬側的窗戶可選用隔熱效果較好的氣密窗，非西曬測則使用一般等級的窗型，適地適用。另外，若要能有效隔音，建議所採用玻璃至少厚度須達 8mm 以上，並須符合 CNS 規範氣密 2 等級以下，具噪音隔絕在 25dB 以上。

施工注意

需以水泥填縫，窗框四周處理防水工程，確認無任何縫隙，避免日後漏水問題。

圖片提供／摩登雅舍室內設計

百葉門窗

| 適用區域 | 衛浴空間
| 適用工法 | 百葉安裝
| 價　　格 | 價格不一，依產品而定

特色

可調整葉片角度的百葉窗具有高隱蔽性能，與一般窗戶或窗簾相較之下，其優點是能彈性控制光源、維持室內通風，遮陽、隔熱效果極佳。常見的百葉窗為實木、鋁質、塑料、玻璃等，鋁百葉的強度高，不用擔心變形發霉問題，可作為室外窗或在衛浴空間使用。木百葉質感溫潤，常用木種為椴木、松木、西洋杉和鳳凰木。其中，椴木材質最常被使用，其質地穩定性高，且價格平實。

挑選注意

若要確保百葉窗的穩固性，以及讓空間中的葉片可分區調整，建議內扇尺寸每片寬度不超過 90cm，高度若超過 180cm，可分割成上下段，整體結構會更為強固穩定，葉片光源調整也更隨心自如。

施工注意

百葉門窗多覆蓋在原有的鋁窗上，因此需確認百葉的窗框位置不會影響鋁框。施作時，窗框需確認水平不歪斜，以榫接方式接合窗框後，再以螺絲鎖在鋁窗上固定。

12

衛浴設備

排水、防水做到位，漏水不會來

衛浴施工分為四大類，包括面盆、馬桶、浴缸、淋浴設備等安裝，有的採壁掛式、有的採埋壁式，隨著個人喜好、浴室設計而有所不同。然而，不論是哪一品項的施工，無不牽扯到「水」的處理，冷、熱給水、排水口徑、管道距離等。另外，產品是採歐美規格、日本規格，產品本身的排水系統設計也可能引起漏水，安裝前一定要再三確認。

專業諮詢／尤噠唯建築師事務所、裏心空間設計

✚ 常見施工問題 TOP 5

TOP 1 安裝完浴缸沒多久，樓下鄰居就反應天花板漏水，施工哪裡出了問題？（解答見 P.235）

TOP 2 雖然面盆剛換新的，但感覺不太穩？！（解答見 P.231）

TOP 3 面盆表面有裂痕，是給我次級品嗎？（解答見 P.240）

TOP 4 家裡新換了馬桶，地上卻有滲水現象呢？！（解答見 P.233）

TOP 5 為什麼使用大花灑卻沒有廣告上說的「雨淋」感覺呢？（解答見 P.236）

✚ 工法一覽

	面盆安裝	馬桶安裝	浴缸安裝	淋浴設備安裝
特性	可分成壁掛式與櫃體相嵌的面盆設計。壁掛式則需特別注重支撐力。與櫃體相嵌的面盆安裝，以櫃體支撐，較無結構的問題。	乾式施工、濕式施工。安裝時皆需以馬桶中心線為準，馬桶空間須預留 70 ~ 80cm 以上的寬度。	市售浴缸的安裝形式分為獨立式、嵌入式兩大類。此外，也可選擇磚砌浴池設計，打造如湯屋般的情境。	依照淋浴設備的形式，可分成壁掛式和埋壁式安裝。壁掛式的安裝較簡易，也方便更換。埋壁式安裝需與泥作工程並行，雖較美觀，但規劃的細節較為繁複。
適用情境	依照使用需求選擇不同的面盆設計	依照使用需求選擇不同的馬桶設計	依照使用需求選擇不同的浴缸設計	依預算和淋浴設備形式選擇壁掛式或埋壁式工法
優點	壁掛式面盆工期較短	**最需注意臭氣散逸** 乾式施工安裝便捷，馬桶可重複拆組	獨立式浴缸安裝最便捷。嵌入式浴缸、磚砌浴池的面材選擇可與浴室空間一致	**壁掛式最常用** 壁掛式安裝速度快，拆卸替換容易
缺點	若施作不慎，容易會有漏水問題	濕式施工，一旦馬桶或管線塞住時，須將馬桶整個敲除	嵌入式浴缸結合水電、泥作工程，注意不同工程的銜接，耗時最久	埋壁式施工事後不易維修，可能會破壞到原有壁面
價格	約 NT.2,000 元起（不含料）	約 NT.3,000 元起（不含料）	市售浴缸安裝約 NT.2,500 元起（不含料）磚砌浴池施工收費約 NT.6,000 ~ 12,000 元／式（不含料）	約 NT.1,500 元起（不含料）

※ 本書記載之工法會依現場施工情境而異。

※ 施工價格僅為參考，實際價格會依市場浮動而定。

面盆安裝

確認支撐結構強度

30 秒認識工法

| 優點 | 壁掛式面盆工期較短
| 缺點 | 若施作不慎，容易會有漏水問題
| 價格 | 約 NT.2,000 元起（不含料）
| 施工天數 | 依面盆設計而定。與櫃體相嵌的面盆需等待櫃體完工後施作，工期會較長。

黃金準則　確認面盆水平，加強支撐結構，同時注意排水系統的規格差異，避免日後滲漏

面盆依安裝方式不同，概分為壁掛式和與櫃體結合的面盆設計。其中，不論是面盆獨立擺置於檯面，或進一步整合於檯面，如下嵌式面盆，支撐面盆本體的承載力是決定使用面盆安全性的關鍵，如不鏽鋼壁虎、壁掛浴櫃或平台等是否平穩牢固。除此，因面盆的不同規格，面盆的排水系統會有所差異，造成家中排水管口徑與面盆的交接處無法相容，需要尋求「轉接頭」來解決，若沒有做適當的處理，洗手檯日後可能成為浴室裡的漏水角落。

＋ 與櫃體相嵌面盆施工順序 Step

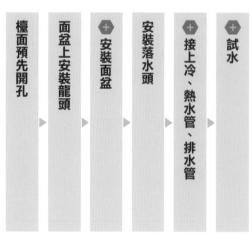

檯面預先開孔　▶　面盆上安裝龍頭　▶　＋ 安裝面盆　▶　安裝落水頭　▶　＋ 接上冷、熱水管、排水管　▶　＋ 試水

＋ 壁掛式面盆施工順序 Step

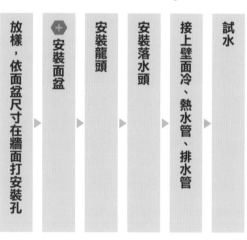

放樣，依面盆尺寸在牆面打安裝孔　▶　＋ 安裝面盆　▶　安裝龍頭　▶　安裝落水頭　▶　接上壁面冷、熱水管、排水管　▶　試水

➕ 關鍵施工拆解

01

安裝面盆（與櫃面相嵌的面盆）

需確認安裝位置深度以及是否有固定確實。

Step 1 **確認安裝位置**

固定面盆前，先在檯面上試擺，並以量尺確認面盆左右兩側的進出深度是否一致，確認完畢後標記面盆位置。

設計施工／日作設計　攝影／蔡竺玲

設計施工／日作設計　攝影／蔡竺玲

Step 2 **以矽利康固定**

分別在檯面和面盆底部塗上矽利康，依照標記的位置，將面盆放在檯面上固定。

設計施工／日作設計　攝影／蔡竺玲

設計施工／日作設計　攝影／蔡竺玲

Step 3 **清除多餘的矽利康**

擦拭溢出的矽利康，將檯面清理乾淨。

02 接上冷、熱水管、排水管

安裝前要確認排水管的管徑是否與面盆相符。

Step 1 冷、熱水管鎖緊

冷、熱水管以顏色區分，冷水管是藍色、熱水管為紅色，分別接上冷、熱給水管後，鎖緊螺絲。

接冷、熱水管。

攝影／蔡竺玲 設計施工／日作設計

Step 2 安裝排水管

調整墊片位置，確認排水管的進出深度。排水管與落水頭相接後旋緊。

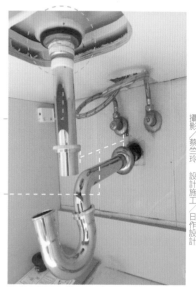

排水管與落水頭相接。

排水管與壁面的進出深度。

攝影／蔡竺玲 設計施工／日作設計

> ✕
> 📢 注意！ **面盆規格影響排水管規格**
> 面盆的規格分成歐美規、日規，不同的規格在排水系統的設計也不一樣，日規面盆產品的排水系統附上水龍頭，歐規則是分開賣。面盆、水龍頭的規格不同，雖然透過「轉接頭」來處理排水管口徑、面盆相接處的問題，但日後漏水現象也最常出現在這裡。

03
試水

安裝完後需試水確認是否安裝確實，避免漏水。

Step 1　確認給排水是否順暢

面盆注水後，確認給水和排水管的相接處是否有滲水問題，並確認排水是否順暢

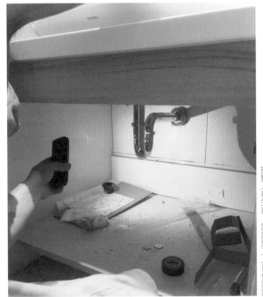

攝影／蔡竺玲　設計施工／日作設計

04
安裝面盆
（壁掛式）

壁掛式面盆最注重的就是吊掛是否穩當，除了要確實打入壁虎（膨脹螺絲），牆面本身的結構性也相當重要。

Step 1　牆面安裝不鏽鋼壁虎

依照牆面的安裝孔打入壁虎，需露出 7cm 於牆外用來固定面盆。

Step2　安裝面盆，調整水平

對準壁虎的位置，安裝面盆，以水平尺確認面盆的進出和水平後鎖緊螺絲。

> ✕ 📢 注意！　**老屋壁面重鋪粗底，加強壁掛結構**
> 面盆如果沒有辦法牢固地懸掛於牆上，問題或許出現在牆壁結構，這種情形較常見於老房子，建議先將牆打到見底，重新施作水泥砂漿的粗底，紮實的結構底層，鎖螺絲才會牢固緊密。

馬桶安裝

縫隙需密合，避免臭氣逸出

黃金準則

規劃馬桶區域大小，確認產品規格、管距，是否需要額外配電

早期大都採用水泥固定馬桶的濕式施工法，一旦遇到需要做檢測時，需將馬桶整個敲除，造成馬桶損壞破裂。因此衍伸出鎖螺絲的乾式施工概念，當馬桶或管線塞住時，割開馬桶與地面交接的矽利康填縫就可以進行維修，一來延長產品的使用期限，避免無謂浪費，二來施工更便捷。不論是乾式或濕式施工，安裝時皆需以馬桶中心線為基準，馬桶與側牆之間預留 70 ～ 80cm 以上的寬度，使用時才不會覺得有壓迫。至於智能馬桶、加裝免治馬桶蓋，由於兩者都能提供「3 通」服務，包括基本的馬桶功能、水洗淨的免治功能，及溫座功能，須做配電設計，一般新建築在浴室規劃時大都有提供插座配置，若是老房子的浴室改裝，宜先檢視馬桶區是否有配電。

＋ 濕式施工順序 Step

規劃馬桶安裝區域 ▶ 確認馬桶規格、配電需求 ▶ 在地面放樣，確認安裝位置 ▶ 調和水泥砂漿 ▶ ＋ 安裝馬桶 ▶ 安裝水箱 ▶ 測試沖水是否順暢、不漏水

乾式施工順序 Step

規劃馬桶安裝區域 ▷ 確認馬桶規格、配電需求 ▷ 確認安裝位置在地面放樣， ▷ 安裝馬桶（以壁虎鎖固） ▷ 安裝水箱 ▷ 與地面間的縫隙以填縫劑填補馬桶 ▷ 測試沖水是否順暢、不漏水

關鍵施工拆解

01 安裝馬桶（濕式施工）

利用水泥砂漿來固定馬桶，一旦遇到需要做檢測時，需將馬桶整個敲除，無法繼續使用。

Step 1 確認規格尺寸

檢視重點包括糞管的管徑尺寸、糞管中心與牆面的距離，是否與馬桶規格符合。

Step 2 馬桶緊密靠糞管

沿著馬桶施工範圍處鋪排 1：3 的水泥砂漿，施作時應避免水泥污染糞管，造成日後堵塞。馬桶與糞管緊密黏靠後，校正馬桶水平、清理地面接縫處溢出的水泥砂。

02 安裝馬桶（乾式施工）

以「鎖固」的乾式施工概念來固定馬桶，當馬桶或管線塞住時，割開馬桶與地面交接的矽利康填縫便能進行維修，馬桶可重複拆組。

Step 1 標識安裝孔，壁虎鎖固

確認相關口徑、管距規格後，預先在地面標註馬桶的安裝孔位置，作為埋入壁虎固定使用。

Step 2 馬桶排便孔確實安裝「油泥」

為了避免糞管的臭氣外洩，馬桶底座的排便孔外側確實安裝油泥，將馬桶對準糞管安裝、密合。馬桶與地面接縫處、鎖孔等用矽利康填封。

> ✕ 📢 注意！ **乾式施工可能會到破壞水管**
>
> 乾式施工拆組都便利。但是安裝馬桶時也可能發生鎖螺絲鎖到水管的意外。這是因為浴室當初的配管位置，恰好干擾到固定馬桶基座的螺絲位置，造成馬桶施工時意外傷到水管。

浴缸安裝

強化底部支撐力

30 秒認識工法

優點	獨立式浴缸安裝最便捷。嵌入式浴缸、磚砌浴池的面材選擇可與浴室空間一致
缺點	嵌入式浴缸結合水電、泥作工程，注意不同工程的銜接，耗時最久
價格	市售浴缸安裝約 NT.2,500 元起（不含料）磚砌浴池施工收費約 NT.6,000～12,000 元／式（不含料）
施工天數	視施作方式、現場狀況而定

黃金準則 — 注意防水施作，市售浴缸預留維修孔便利日後檢查

居家泡澡空間設計，可選購市售浴缸、或現場施作浴池。市售浴缸的安裝型式概分為獨立式、嵌入式兩大類，安裝時主要考量設置地點、使用動線；另提醒消費者，若選擇獨立型浴缸設計，平日清潔整理問題必須納入考量，會不會浴室裡一旦放入浴缸，看起來美觀大方，浴缸四周相對卻受到壓縮，反而造成清理死角。另一方面，浴缸周圍、底部也應強化支撐，將日後滲水機率降至最低。

✚ 市售浴缸安裝順序 Step

空間大小檢視浴室動線、 ▶ 頭部位置確認躺入浴缸後 ▶ 抓洩水坡度 ▶ 砌四周磚牆 ▶ 防水施工 ▶ ✚ 安裝浴缸 ▶ 預留維修孔 ▶ 順暢、不漏水測試排水是否

✚ 磚砌浴池施工順序 Step

空間大小檢視浴室動線、 ▶ 頭部位置確認躺入浴缸後 ▶ 抓洩水坡度 ▶ 防水施工 ▶ ✚ 貼磚填縫 ▶ 順暢、不漏水測試排水是否

🔧 關鍵施工拆解

01
安裝浴缸
（市售浴缸）

> **Step 1** **腳架安裝**

安裝前先裝上浴缸腳架及其他配件，調整腳架，並校正浴缸的水平。

> **Step 2** **強化浴缸底部的支撐**

浴缸底部以磚塊、水泥來穩固浴缸，強化浴缸的支撐力，避免浴缸多次踩踏，出現變形、龜裂的現象。

圖片提供／尤噠唯建築師事務所

02
貼磚填縫
（磚砌浴缸）

> **Step 1** **施作打底、防水**

浴室地面先施作打底、地坪洩水坡，之後全室施作 2 ～ 3 層防水，另外在浴池位置加做一次防水。

圖片提供／尤噠唯建築師事務所

> **Step 2** **砌出浴缸範圍，貼覆表面材**

砌磚、貼覆表面材。如果浴池使用不同面材，如池裡採抿石子，外面貼磁磚，浴池檯面貼大理石，施作順序是：磁磚→抿石子→大理石。

圖片提供／尤噠唯建築師事務所

> 📢 **注意！** **浴缸區沒做防水，久漏影響樓下鄰居**
>
> 浴室的防水施作不只限於淋浴區，泡澡區也須施作防水，再安置浴缸，避免浴缸水潑灑而出，時間一久成為樓板滲水的源頭。

淋浴設備安裝

依人體工學安裝高度

黃金準則　冷熱出水口接頭處理好，以止洩帶包覆，日後不漏水

淋浴設備安裝方式主要分為壁掛式、埋壁式，安裝的高度需符合人體工學。一般來説，整體的淋浴空間通常規劃為 90×90cm，最小不應小於 80cm；蓮蓬頭開關主體約離地 80 ～ 90cm，花灑出水位置建議為使用者身高＋ 20cm。埋壁式的施工較為繁複，需與泥作工程配合，雖然美觀但維修拆卸不易。壁掛式的安裝方式較為簡易，在壁面鑽孔固定即可，事後拆卸更換方便。另外要注意的是，高樓層住戶或老屋若想安裝花灑，安裝前最好確保家中水壓是否足夠，若不足則須另裝加壓馬達。

 壁掛式施工順序 Step

規劃淋浴空間 ▶ 依據動線設計冷、熱水出水口 ▶ 安裝龍頭主體 ▶ 安裝淋浴柱 ▶ 裝上配件 ▶ 裝設加壓馬達（依需求增設）

✦ 關鍵施工拆解

01
安裝
龍頭主體

龍頭與出水口的連接處是最容易漏水的地方,需利用止洩帶和矽利康加強密合。

Step 1 **排除水管內部雜質**

安裝前,先拆開壁面的出水口並放水,讓水流一段時間排除管中雜質,以免未來堵塞。

Step 2 **龍頭纏繞止洩帶後安裝至壁面**

S 彎頭纏上止洩帶後接牆,套上修飾蓋連接龍頭主體,並安裝至壁面。

攝影/蔡竺玲 設計施工/日作設計

攝影/蔡竺玲 設計施工/日作設計

✕ 📢 **注意!** **出水口再以矽利康補強為佳**

除了在淋浴設備配件上纏繞止洩帶,出水口處也建議再以矽利康補強,防止產生縫隙導致漏水。

02

安裝淋浴柱

安裝前，先在牆上比對裝設淋浴柱的位置，以符合人體工學的適用高度。

Step 1 確認安裝位置

淋浴柱先於牆面試擺安裝位置，以水平尺確認垂直、進出是否達到一致，並標記安裝記號。

攝影／蔡竺玲　設計施工／日作設計

Step 2 先在牆面安裝底座，再安裝淋浴柱

在牆面鑽洞，安裝底座。接著安裝淋浴柱，並鎖緊底座螺絲。

攝影／蔡竺玲　設計施工／日作設計

攝影／蔡竺玲　設計施工／日作設計

Step 3 安裝完後確認進出深度是否一致

安裝完，再以水平尺確認進出，以達水平。

攝影／蔡竺玲　設計施工／日作設計

03

裝上配件

安裝配件時，要注意是否有旋緊，以免造成漏水。

Step 1 **安裝軟管和蓮蓬頭**

安裝軟管和蓮蓬頭，注意軟管與龍頭相接的部分是否有密合。

攝影／蔡竺玲　設計施工／日作設計

Step 2 **安裝花灑**

花灑與淋浴柱相接，並旋緊。

攝影／蔡竺玲　設計施工／日作設計

衛浴監工要點

防水細節不可不慎

安裝馬桶、面盆等衛浴設備時，最需注重漏水問題，因此與壁面或地面的相接處務必以止洩帶或矽利康密合，才能確保施工品質。

不論是哪個衛浴設備，進場時須確認型號、規格是否正確。

攝影／蔡竺玲　設計施工／日作設計

➕ 建材檢測重點

1 確認馬桶、面盆表面龜裂原因

不論是馬桶或面盆，若是瓷質產品較有機會發生龜裂現象，並非全是受到重力撞擊導致破裂，因此在收到產品時，建議先檢查產品品質。

2 事前確認面盆規格與家中管線是否相符

因日式或歐式產品規格上的差異，消費者應先選擇要購買的面盆後，再依產品需求，請師傅協助施工，尤其遇到冷熱水管管距的差異，可能會連同牆壁、地面也需要敲開更改管路，屆時甚至都得決定是否整間浴室磁磚也重新換過。

3 確認浴缸相關配件

安裝浴缸前，除了確認浴缸本體的完整性，其他的相關配件，如浴缸腳架等，也應一併驗收。

➕ 完工檢測重點

1 檢視面盆水平與排水

面盆安裝完成，建議將水放滿面盆，檢視面盆水平、接管處是否滲漏水、排水管是否滲漏水。

2 面盆與壁面之間的填縫處理

待面盆的各項檢測確認後，面

240

盆、壁面接縫處打上矽利康，防止水流入接縫死角而無法清潔。

3 安裝高度符合人體工學

理想的高度是以面盆上緣為基準，離地約 85cm，既免於吊手，使用時水流也不易順著手臂滑下。（依不同身高會做高度調整）

4 馬桶與糞管的銜接是否確實

安裝馬桶不論是採濕式或乾式工法，最重要的是馬桶與糞管的銜接是否確實，避免日後產生漏水問題，臭氣也不會從這個地方外逸，造成家人日常生活的不便。

5 馬桶的排水是否順暢

馬桶的排水順暢、沒有漏水以及馬桶水平等，都是檢視重點，應確認後再封上接縫處，鎖上坐蓋等。

6 注意懸壁式馬桶的荷重力

馬桶的荷重力，這一點在懸壁式馬桶尤其重要，不僅馬桶本身要堅固，懸壁式馬桶也須由經驗豐富、施工實在的師傅來進行，搭配安全的施工材料，即可確保馬桶可承載任何體型的使用者。

7 檢測浴缸的排水順暢度

浴缸安裝完成後，測試浴缸蓄水、排水，須確保排水順暢、不積水，以免未來產生漏水疑慮，測試完成後上矽利康。

8 確認冷熱水管出水口的水平

淋浴設備安裝完，須確認家中冷、熱水管出水口水平，以免龍頭開關主體安裝上之後呈現歪斜，同時需檢測接管處有無漏水現象。

9 避免打到壁面管線

壁面安裝上任何掛件都需注意避免打到水管，以免造成漏水問題。

攝影／蔡竺玲　設計施工／日作設計

壁掛式的淋浴設備在安裝時需確認是否垂直，避免歪斜。

常用衛浴設備

兼具造型和功能

淋浴用花灑、水龍頭以及各種五金配件除了有造型上的變化，也逐漸提升性能，讓衛浴五金有更多表現。

面盆

| 適用區域 | 衛浴空間
| 價　　格 | 價格不一，依產品而定

特色

瓷器面盆是最為常見的材質，除了表層釉面可增添美感、光彩之外，近來也增加了清潔衛生上的優點。傳統的玻璃面盆具有剔透的視覺，藉著深厚的手工技藝，還可在造型、色彩上做出非常豐富的變化。新穎的鈦鋼玻璃面盆透過合金原料與表層琺瑯質塗料，提高面盆抗污能力，幾無毛細孔的表面也易於清潔保養。除了瓷器、玻璃、金屬等材料外，投入發展複合材料，例如結合天然石材與樹脂、結合玻璃與樹脂、科技聚合物，甚至有矽膠材質等，具有彈性、可彎曲、觸感柔軟，以及可自行分解的特性。在選擇時需多加深入研究各自的材料特性。

挑選注意　依面盆與檯面的陳列關係，確認面盆的型式，壁掛式面盆、下嵌式面盆等。另外，洗手檯空間較小，若選擇較大尺寸面盆或做雙面盆設計，容易產生不易清理的死角，選前宜多方比較。

施工注意　瓷器和玻璃面盆有易碎的問題，施工時須注意避免撞擊。另外，壁掛式的面盆由於特別仰賴底端的支撐點，因此務必注意螺絲是否鎖得牢固，以免影響日後面盆的穩定度。

圖片提供／裏心空間設計

水龍頭

| 適用區域 | 衛浴空間
| 價　　格 | 價格不一，依產品而定

特色

依照製成材質可分成鋅合金、銅鍍鉻和不鏽鋼水龍頭等。鋅合金成本較低，使用年限較短。銅鍍鉻龍頭呈現亮面的光澤，其緻密的鍍層讓龍頭的壽命更長久。另外，銅製的水龍頭則因銅的比重不同，品質也有差別，因此選擇時材質愈純、重量會愈重，相對價格也來得愈貴，加上銅外面鍍鉻的厚、薄度也會影響品質。不鏽鋼則因不含鉛，兼具環保與健康，使用年限也較長，也較耐用、不易產生化學變化，因而常適用於溫泉區。但也因材質不易塑型，在整體造型受限，而無法有多種變化。對於水龍頭的選擇上，目前內部的主體芯大都以陶瓷芯為主，使用年限可達 10 年以上。

挑選注意

在挑選龍頭時，要先確認住家的龍頭出水孔為單孔、雙孔或三孔，才不會選到不合用的水龍頭。

施工注意

在裝設時必須要確實固定，並注意出水孔距與孔徑。尤其是與浴缸或者水槽、面盆接合時，都要特別注意，以免發生安裝之後出水孔距離不方便使用的情況。

圖片提供／裏心空間設計

馬桶

| 適用區域 | 衛浴空間
| 價　　格 | 價格不一，依產品而定

特色

馬桶可概分成洗落式馬桶、虹吸式馬桶、龍捲風式馬桶，以及智能馬桶等。洗落式馬桶的存水管道彎曲弧度較平坦，存水液面較低，有容易卡髒汙的缺點。龍捲風式馬桶利用水圈及出水方向特殊設計，使水流呈現旋渦狀，達到強勁沖洗馬桶內壁的效果，沖水聲響降至最低。智能馬桶不外乎提供更為舒適的如廁體驗，保溫暖座、洗自動沖水、自動掀蓋等其他加值功能。

挑選注意

有信譽的廠牌會經過品管檢測，以確保使用上安全無虞，維修時更換零件比較沒有風險，選購時以有信譽的品牌較有保障。若要更換新馬桶時，須注意新舊馬桶的糞管離牆的距離是否相同，以免買回家後不合用。另外，每個人坐馬桶的方式不同，建議採購前在現場實際體驗。

施工注意

注意馬桶底部排污孔之油泥是否安裝確實，沒有完全密封，日後將導致排污管路臭氣外洩。另外，安裝智能馬桶，須注意馬桶區是否有配電插座。

圖片提供／摩登雅舍室內設計

浴缸

| 適用區域 | 衛浴空間
| 價　　格 | 價格不一，依產品而定

特色

壓克力是最為普遍的浴缸材質，平價、質地輕、不怕刮，日常保養容易。但壓克力擁有易塑型、也易變形的特性，選購時建議挑選厚質款式為佳。鋼材可概分為鑄鐵鋼浴缸、琺瑯質浴缸兩大類，通常表面會覆以琺瑯材質，浴缸光滑易於整理，但最怕刮傷，一旦表面受損，金屬底材遇水氣易生鏽。鋼材浴缸堅固耐用，蓄熱表現佳，溫度流失慢。但是鋼材本身笨重，是一大缺點。FRP 玻璃纖維浴缸為現在最普遍的材質，安裝搬運方便，但容易破裂，在使用上要多加小心。

挑選注意

除預算考量外，衛浴空間的尺寸、施工問題、使用需求等亦須納入考量。此外有關蓄水的噪音問題、保溫性、防滑、清潔保養等，也都是選購前的評估重點。

施工注意

嵌入式浴缸須整合安裝浴缸、排水等處理的水電工程。而貼覆表面磚的泥作工程，須注意不同工序的銜接安排。另外，若選購的是無牆空缸，請務必預留維修孔，方便日後檢修。

圖片提供／摩登雅舍室內設計

淋浴設備

| 適用區域 | 衛浴空間
| 價　　格 | 價格不一，依產品而定

特色

除了手持使用外，結合壁面掛勾也可固定蓮蓬頭於牆面做淋浴。
蓮蓬頭本身通常是商品的一大亮點，多段式出水結合外型及色
彩，可營造相當歡愉的沐浴氛圍。受限手持蓮蓬頭淋灑範圍無
法與花灑相比，否則重量會不適合握持淋浴。目前品質較為優
良的蓮蓬頭產品皆具有快速升溫、防燙、省水節能等功能。在
手持式蓮蓬頭外，另加花灑淋浴，洗澡的快感大不相同。花灑
面積大，通常整合手持蓮蓬頭的特色出水功能，提供多種淋浴
模式。近來，新式淋浴產品搭配更為人性化操控介面，取代傳
統蓮蓬頭的開關把手，如旋鈕式設計，甚至頂級淋浴系統提供
電子化操控介面，使用時更為簡便。

挑選注意

可依家中成員的人口特徵來篩選，例如家中有兒童的話，最好
在防燙等安全面向多著墨。另外愈是複雜的淋浴系統，可能在
供水、供電上會有不同的需求，原有系統可能無法滿足，選購
前需特別詢問。

施工注意

為確保出水品質，如果家中水壓不足，須另加裝加壓馬達。埋
壁式設計考量到須預埋機心，施工時小心避免受到水泥污染，
影響日後水流的流暢度。

13

廚具設備

注重配電安全

廚房設備事先需規劃，安裝的位置是否有安全且符合使用者的需求。一般來説瓦斯爐不可靠牆，需距牆面 15cm 以上，避免鍋子放不下碰撞到牆面。而爐台面到排油煙機的距離，需在 63 ～ 65cm 高之間，距離太遠，無法發揮排煙的效果；距離太近，火源會順著排油煙機的抽風進入而造成火災，必須謹慎小心。以基本的廚具設備來講，整體安裝的順序應為桶身→排油煙機→流理檯面→水槽／瓦斯爐，再接水龍頭和管線。

專業示範／日作設計

✚ 常見施工問題 TOP 5

TOP 1 廚櫃裝沒多久就發現櫃子高低不平,是哪裡出了問題?!（解答見 P.252）

TOP 2 廚房移位,重新安裝排油煙機後,吸力反而變小,是哪裡做錯了?!（解答見 P.255）

TOP 3 想省事不重新更換排風管,但卻被警告事後容易發生問題,是真的嗎?!（解答見 P.255）

TOP 4 不想有蟑螂螞蟻進入,櫃體決定不開散熱孔,結果電磁爐沒開多久就當機,該怎麼解決才好?!

（解答見 P.261）

TOP 5 買了新瓦斯爐,結果放不進舊瓦斯爐的位置,該怎麼辦!?（解答見 P.260）

✚ 工法一覽

	廚櫃安裝	排油煙機安裝	流理檯面安裝	水槽安裝	爐具安裝
特性	可分成吊櫃和下櫃,安裝下櫃時要注意需留出給排水管、瓦斯管線的出口。吊櫃則須注重承重問題	一般來說,排風管的長度越長、管徑越小、折管的數量越多,排風量會逐漸降低,因此須排除影響排風的因素	依照檯面和水槽材質而定。人造石、石英石開孔之後,需再接合;不鏽鋼則是在工廠焊接後,在現場直接安裝	可分成上嵌式和下嵌式。上嵌式的安裝需先在檯面開孔後放置;下嵌式則是將水槽倒扣在檯面背面,是在工廠預先製好	可分成檯面爐、嵌入式檯爐、獨立式檯爐。獨立式檯爐與檯面分離,直接放在檯面上即可。嵌入式檯爐和檯面爐則是與流理檯面相嵌
適用情境	安裝吊櫃時,依照各家廠牌運用不同的懸吊器施作	依排油煙機型式而定。隱藏式可用櫃體包覆,倒T型可大方展現	依照檯面材質而有不同的施作方式	依照檯面材質而定。美耐板檯面需運用上嵌式安裝;人造石和石英石則可使用或下嵌式	嵌入式檯爐下方需有足夠深度,至少留出16cm的深度
優點	懸吊式吊櫃的安裝快速,傳統式吊櫃則可做到無縫	👍 **著重維持排風米** 有效排除室內油煙	人造石和不鏽鋼檯面可做到一體成型的效果	👍 **可做一體成型設計** 檯面和水槽可透過螺絲或矽利康緊密貼合	安裝時間短
缺點	懸吊器式吊櫃的安裝易有縫隙,需以填縫板修飾	變頻式排油煙機盡量不要移位太遠,避免影響排煙效果。	不鏽鋼檯面需於工廠加工,現場無法施作,故不可做成ㄇ字型檯面	水槽四周膠合的矽利康若脫落需再填補	電磁爐需配置散熱設計,否則容易發生熱當機的問題
價格	依櫃體數量、材質而定	依排油煙機的型式而定	依檯面尺寸、材質價格而定	依水槽材質而定	依爐具型式而定

※ 本書記載之工法會依現場施工情境而異。
※ 施工價格僅為參考,實際價格會依市場浮動而定。

廚櫃安裝

首重吊櫃承重力

黃金準則 　櫃體水平和出入深度需一致，整體才整齊美觀

廚櫃一般可分成吊櫃和下櫃，安裝下櫃時要注意需留出給排水管、瓦斯管線、插座等出口，通常是現場測量裁切即可。而吊櫃則依照各家廠牌不同，有不同的懸吊器可供施作。吊櫃的安裝方式可分成隱藏式懸吊器、懸掛式懸吊器或是傳統式安裝。傳統安裝吊櫃的方式，是在牆面先釘上底板，再將吊櫃固定於底板上，有效增加承重力。而懸吊器則是取代底板的功能，懸吊器會搭配掛件，在桶身固定懸吊器後，再掛在牆面的掛件上。無須施作底板，安裝較快速，但懸吊式的問題在於櫃體會與天花留出 2～3cm 的縫隙，才能將吊櫃安裝上去，需額外修飾。目前系統傢具多半採取傳統式的安裝，高級的進口廚具多半使用隱藏式懸吊器，避免開門就看到五金。不論是吊櫃或是下櫃，在安裝時要注意櫃體水平和進出深度是否一致，才不會有歪斜的情形。

➕ 下櫃施工順序 Step

放樣 ▶  桶身組合調整腳 ▶  測量管線尺寸後開洞 ▶ 固定桶身 ▶  安裝櫃門、抽屜 ▶ 安裝踢腳板

➕ 傳統式吊櫃施工順序 Step

放樣 ▶ 在牆面固定底板 ▶ 吊櫃固定於底板上 ▶ 安裝櫃門、層板

➕ 懸吊器吊櫃施工順序 Step

放樣 ▶ 牆面安裝掛件 ▶ 固定桶身 ▶ 安裝櫃門、層板

➕ 關鍵施工拆解

01

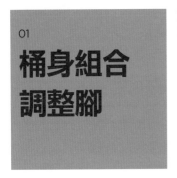

桶身組合調整腳

系統櫃桶身的底部需安裝調整腳，調整桶身的高低水平更容易。

Step 1 安裝調整腳

在桶身底部安裝調整腳。

攝影／蔡竺玲　設計施工／日作設計

02

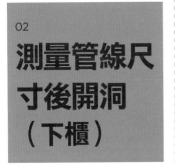

測量管線尺寸後開洞（下櫃）

不只考量水管管線的寬度和長度，若是管線安排在牆面，還需確認管線的進出深度，才能讓櫃體確實靠牆。

Step 1 測量管線尺寸

確實測量冷熱給水管、排水管、瓦斯管線的寬度和長度。冷熱給水管多半從壁面出水，因此還需確認管線的深度。並在桶身背板標記尺寸。

攝影／蔡竺玲　設計施工／日作設計

Step 2 在桶身的背板或底板開洞

在桶身的背板或底板依照尺寸切割，留出管線開孔。

攝影／蔡竺玲　設計施工／日作設計

03

固定桶身（下櫃）

安裝底櫃桶身時，需先確認整體的水平進出位置，避免造成傾斜的問題。

Step 1 放置桶身，調整水平、進出位置

安裝桶身，同時利用雷射水平儀校準，桶身的高度水平是否一致。若有誤差，則微調調整腳。

攝影／蔡竺玲　設計施工／日作設計

Step 2 固定桶身

以鎖件固定桶身，避免歪斜。

攝影／蔡竺玲　設計施工／日作設計

注意！ 桶身相接時，務必確認高低水平

桶身與桶身相合時，先確認兩者之間的高低水平是否相同，若高低不平整，則會造成檯面傾斜。

攝影／蔡竺玲　設計施工／日作設計

04

安裝櫃門、抽屜

安裝時要注意門片必須與桶身密合，不可上下歪斜；另外要注意抽屜的安裝是否開闔順暢。

Step 1 確認五金的安裝位置

在桶身標誌五金的安裝位置。

Step 2 安裝門片

在桶身安裝門片，確認門片的開闔角度。

Step 3 安裝抽屜

將抽屜裝入，確認抽屜開闔是否順暢。

攝影／蔡竺玲　設計施工／日作設計

06

牆面
安裝掛件

要注意確認掛件的高度和距離是否正確。

Step 1 確認掛件之間的距離

若寬度較寬的吊櫃，通常會有兩個掛件，掛件之間的距離需依照桶身上的懸吊器位置施作。

Step 2 釘入掛件

依照記號，牆面釘入掛件。

攝影／蔡竺玲　設計施工／日作設計

07

固定桶身
（懸吊器吊
櫃）

Step 1 掛上桶身

懸吊器與掛件相嵌，將吊櫃安裝至牆面

攝影／蔡竺玲　設計施工／日作設計

Step 2 調整桶身水平

利用雷射水平儀確認桶身左右高度是否一致，若有誤差，可利用懸吊器微調。

攝影／蔡竺玲　設計施工／日作設計

注意！ 桶身事先切出電線孔洞

若吊櫃有走電源線，為了妥善隱藏電線，事先需先在桶身切出電線出口。

設計施工／日作設計　攝影／蔡竺玲

排油煙機安裝

維持風管排風順暢

30 秒認識工法

| 優點 | 有效排除室內油煙
| 缺點 | 變頻式排油煙機無法安裝中繼
　　　馬達，不可隨意改動廚房位置
| 價格 | 依排油煙機的型式而定
| 施工天數 | 1 天

黃金準則

風管長度 5m 之內最多折管 2 個彎，否則排風量會下降，另外風管若超過 5m 以上要加裝中繼馬達

排油煙機最重要的就是維持排風效果，一般來説，排風管的長度、管徑的大小和折管的數量都會影響到排風量的大小。排風管越長，排風量會逐漸降低，因此在更改廚房位置的情況下，需要注意風管長度不可超過 5m，若超過 5m 需再加裝中繼馬達，維持排風效果。但要注意的是變頻式的油煙機無法安裝中繼馬達，定頻式才可以，因此安裝前需注意挑選的型號是否可以加長管線。另外風管的標準尺寸為 5 吋半的直徑，建議避免縮小管徑，且風管盡量不折管，以不超過 2 個彎為基準，否則可能造成回壓的問題，導致排油煙力道會降低。

+ **施工順序 Step**

事前丈量尺寸，並確認風管路線　▶　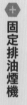 固定排油煙機　▶　 安裝風管　▶　確認機器是否正常運作

➕ 關鍵施工拆解

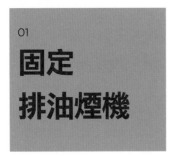

01
固定
排油煙機

依照不同的廠牌型號,有不同的安裝方式。一般來說,可利用 L 型鐵片和螺絲將排油煙機固定於廚櫃內。

02
安裝風管

風管安裝時要注意不可壓折管徑,避免產生回壓的問題。

Step 1 在機器上安裝 L 型鐵片

抽油煙機會附上安裝的鎖件,將 L 型鐵片以螺絲固定於機器上。

Step 2 抽油煙機固定於櫃內

將抽油煙機置入櫃內,再以螺絲鎖上。

攝影╱蔡竺玲

Step 1 抽換舊風管

若重新更換排油煙機,原本的舊風管也要一起拆掉,安裝新的風管較安全。

Step 2 安裝排煙管圈

將排煙管圈安裝在排油煙機上。

Step 3 風管與排煙管圈接合

風管的一端與排煙管圈接合,可使用膠帶黏合或是套件鎖緊。需注意交接處不可有縫隙,以免影響排風效果。

Step 4 風管穿入出風口並調整

另一端的風管穿進出風口,再從出風口拉出風管調整位置。

✕ 📢 注意!　不換風管,油煙污垢恐釀問題

舊風管內會堆積油煙污垢,在重新安裝時不予以更換繼續使用的話,一旦火源捲入風管內部,容易造成易燃問題。

✕ 📢 注意!　管徑縮小,排風量也隨之變小

在更改廚房位置、天花高度不夠,或是原有的排風孔已安裝冷氣的冷媒管路,會使排風管無法穿入,造成壓折管徑的情形,排風量也因而降低。因此在配置管線前需安排風管的行走路徑,避免壓折管徑的情形發生。

流理檯面安裝

重視無縫密合

30 秒認識工法

| 優點 | 人造石、石英石和不鏽鋼檯面可做到一體成型的效果
| 缺點 | 不鏽鋼檯面需於工廠加工，現場無法施作，故不可做成ㄇ字型檯面
| 價格 | 依檯面材質、尺寸而定
| 施工天數 | 人造石、石英石和不鏽鋼檯面需等待預製，天數不一

> **黃金準則** 人造石檯面以 AB 膠拼合，縫隙間可利用人造石碎料填補，再磨平表面創造無縫效果

依照檯面和水槽材質，前置的施工方法略有不同。一般來說，不鏽鋼、石英石、人造石檯面的施工較為複雜，需在工廠施作，使檯面和水槽先行相接，在現場進行檯面的組裝即可。石英石和人造石的可塑性較高，可利用膠合拼貼，組成 L 型或ㄇ字型檯面，造型的變化較多。而不鏽鋼檯面無法現場焊接，會有尺寸和搬運上的問題，因此多是做成一字型，且水槽與檯面是一體成型的設計。美耐板檯面則是裁切出所需的水槽尺寸和龍頭孔洞等後，與牆面四周再以矽利康收邊即可。

✛ 人造石檯面施工順序 Step

放樣 ▶ 留出爐具、龍頭位置，裁切 ▶  人造石接合研磨 ▶  矽利康收邊

➕ 關鍵施工拆解

01

留出爐具、龍頭位置，裁切

爐具和龍頭位置需依照現場尺寸進行測量，或檯面遇到轉角和柱體時，都需進行裁切。

Step 1 **測量爐具和龍頭尺寸**

依照爐具和龍頭尺寸在檯面上做記號。

Step 2 **裁切**

利用機具在檯面上進行裁切。

裁切爐具和龍頭孔洞。

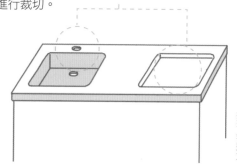

插畫／黃雅方

02

人造石接合

人造石可利用膠合和研磨創造無縫的效果。

Step 1 **接縫處塗抹 AB 膠後接合**

人造石檯面接縫先以酒精棉片擦拭，塗抹 AB 膠，兩塊人造石進行接合。

Step 2 **以人造石填補切口**

接縫處利用人造石碎料或 AB 膠補上切口。

Step 3 **利用研磨機磨平**

填補完後再以研磨機進行磨平，產生無縫的效果。

攝影／蔡竺玲 設計施工／日作設計

水槽安裝

緊密接合，避免縫隙

30 秒認識工法

| 優點 | 檯面和水槽可透過螺絲或矽利康緊密貼合
| 缺點 | 水槽四周膠合的矽利康若脫落需再填補
| 價格 | 依水槽材質而定
| 施工天數 | 上嵌式一天可完成，下嵌式則需等待工廠預製，天數不一

黃金準則 │ 完工後要注意排水是否通暢，水槽與排水管的交接處是否有漏水的問題

依照檯面材質，水槽的安裝可分成兩種形式，上嵌式和下嵌式。上嵌式以美耐板檯面為主，鋪設好美耐板檯面後，再裝置水槽，故水槽會在檯面上方，稱為上嵌。平接和下嵌式則是在工廠施作，將石英石、人造石檯面切割留出水槽的位置後，翻至反面，將水槽倒扣下壓，與石英石或人造石檯面密合，再以螺絲鎖緊，故水槽會在檯面下方，稱為下嵌。下嵌式的水槽與檯面一體成型，較不容易產生縫隙。安裝完水槽後再進行排水管的接合，要注意給排水是否順暢或有漏水問題。

＋ 上嵌式安裝施工順序 Step

＋ 安裝水槽 ▶ 安裝落水頭 ▶ ＋ 接排水管 ▶ 放水測試排水

＋ 下嵌式安裝施工順序 Step

檯面與水槽在工廠預先接合 ▶ 安裝水槽與檯面 ▶ 接合檯面 ▶ ＋ 接排水管 ▶ 放水測試排水

✚ 關鍵施工拆解

01

安裝水槽
（上嵌式）

安裝時，需注意水槽與檯面之間的縫隙是否填補確實。

Step 1 **檯面放樣水槽尺寸後裁切**

檯面進行放樣，畫出水槽尺寸後，進行裁切。

Step 2 **安裝水槽，水槽四周打上矽利康**

矽利康打在水槽四周，將水槽放入檯面的開孔。

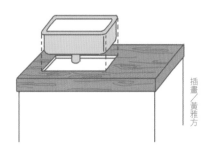

插畫／黃雅方

> ✕ 📢 **注意！** **水槽灌水，讓矽利康更為密合**
>
> 安裝完後，記得將水槽灌滿水，利用水的重量將水槽下壓，才能讓水槽與檯面更為密合。

02

接排水管

排水管可從壁面或地面出管，要注意的是，若是在地面出管時，排水硬管建議延伸至櫃內，較容易維修。

Step 1 **裁切桶身，使排水管露出**

依照排水管的尺寸和位置，裁切桶身，使排水硬管得以在櫃內露出。

Step 2 **連接排水管**

排水管與水槽銜接，注意需確實鎖緊，避免漏水。

> ✕ 📢 **注意！** **地排硬管建議延伸至櫃內**
>
> 一般來說，排水硬管若從地面出管，事後發生堵塞需維修時，就需鋸開櫃子才方便施作，因此為了事後維修方便，建議將硬管接至櫃內。
>
>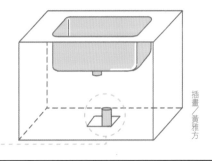
>
> 排水硬管拉至櫃內，方便事後維修。

插畫／黃雅方

爐具安裝

瓦斯管配置最重要

30 秒認識工法
| 優點｜安裝時間短
| 缺點｜電磁爐需配置散熱設計，否則
　　　　容易發生熱當機的問題
| 價格｜依爐具型式而定
| 施工天數｜1 天

> **黃金準則**
>
> 瓦斯管線不可彎折，影響進氣量，同時瓦斯管的天然氣進出口需鎖緊管束，避免外洩

依照爐具的樣式，可分成檯面爐、嵌入式檯爐、獨立式檯爐。獨立式檯爐為早期常用的型式，與檯面分離，直接放置上去即可，優點為瓦斯管為明管設計，更換方便。嵌入式檯爐和檯面爐則是與流理檯面相嵌，差別在於嵌入式檯爐的開關在前側，有一定的高度，因此檯面下方需留出約 16cm 的深度。檯面爐的開關則是位於面板處，下方就多出可作為抽屜的空間。安裝嵌入式檯爐和檯面爐時，裝設處需事先開出和爐台同大的開孔，而後直接嵌入，依照各家廠牌的不同，有些會再附上螺絲鎖件固定。而開孔尺寸的部分，各家廠商的尺寸也不盡相同，會於包裝內附上模板，依模板繪製即可。另外要注意的是，若為電磁爐則需事先設計專電，避免跳電問題。

✛ 檯面式瓦斯爐施工順序 Step

在工廠預製檯面的爐台開口大小　▶　✛ 裝設爐台配件　▶　✛ 安裝瓦斯軟管　▶　爐台嵌入檯面　▶　瓦斯軟管鎖緊　▶　蓋上爐盤、爐蓋　▶　開火檢測驗收

✤ 關鍵施工拆解

01
裝設
爐台配件
（檯面爐）

將爐具嵌入檯面之前，零件依序裝設，避免遺漏。

Step 1　安裝爐具上的瓦斯連接口

爐具上的瓦斯進氣口以銅製鎖件和墊片鎖緊。

Step 2　安裝防水膠條

由於爐具安裝後四周無收邊，為了避免湯水滲入或是螞蟻蟑螂入侵，檯面爐四邊需先填入防水膠條，不僅防水也有止滑效果，避免爐具移動。

02
安裝
瓦斯軟管

瓦斯管的裝設雖説簡單，但卻是最需要注意的地方，瓦斯管不可壓折拉扯，避免進氣量不足或是管線受損。

Step 1　裁減適當的管線長度

瓦斯管線裁減成適當長度，避免過長在櫃內形成彎折。

Step 2　瓦斯管與天然氣進出口連接

管線的一頭與天然氣出口連接，另一頭則接至爐具的進氣口，兩側施作時都需鎖緊管束環。

✕ 📢 注意！　**瓦斯管線不可彎折**

在裝設時要注意瓦斯管的位置不能被拉扯到，尤其是目前有很多在爐台下設置抽屜的設計，需特別注意開拉抽屜時是否會干擾到管線。

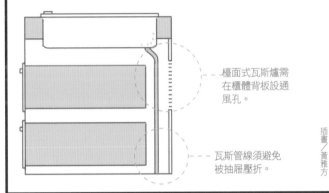

檯面式瓦斯爐需在櫃體背板設通風孔。

瓦斯管線須避免被抽屜壓折。

插畫／黃雅方

廚具監工要點

注意漏水、縫隙問題

事前規劃除了要注意電量是否可以負荷外，廚具最重要的是管線是否安裝確實，水管需注意是否漏水、瓦斯管則是要確認是否有外洩等。

攝影／蔡竺玲

此為下嵌式的設計，水槽與檯面一體成型。到施工現場時，可檢測檯面和水槽表面是否有刮傷。

+ 建材檢測重點

1 注意選用的桶身板材

桶身板材一般可分為木心板、塑合板和發泡板。而在較潮溼的水槽處的桶身建議使用防水性佳的發泡板材或外覆不鏽鋼的板材為佳。

2 流理檯面的邊緣需確實處理毛邊

檯面的表面不得有凹痕與碰傷的情況，也要注意檯面下緣的毛邊是否處理確實，以避免刮傷。

3 注意爐具的烤漆面板是否做好烤漆處理

爐具的正面、背面都要注意烤漆塗裝是否確實，可從金屬邊板是否容易掉漆來判斷，如有掉漆則容易生鏽且降低使用壽命。

4 瓦斯爐需具備檢測報告

瓦斯爐出廠時都會經過商品檢驗局的測試，必須裝設瓦斯防漏開關的安全裝置，瓦斯中的燃燒棒若是未到達一定溫度，瓦斯就不會供應，避免瓦斯外洩。

5 排油煙機的風管需選擇金屬材質

由於塑膠材質燃點較低，選擇金屬材質的排油管較好，以免發生火災。在管尾處要加防風罩，並注意孔徑不能過大或過小。

✚ 完工檢測重點

1 評估是否有足夠的安培數

在配置廚房電器前，需評估電器的總安培數是否足夠，若不足需重新配電，否則會產生跳電或電線走火的問題。

2 懸吊式櫃體與天花之間需留出間隙

由於採用懸吊器的櫃體有掛件的限制，安裝時一定會和天花留出間隙，需再做線板修飾。

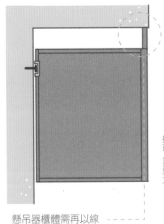

插畫／黃雅方

懸吊器櫃體需再以線板修飾天花間隙。

3 抽油煙機風管避免彎折 2 個彎以上

抽油煙機的風管一旦彎折就會影響排風米的大小，因此在設計上若要移動廚房位置，需注意排煙風管避免折到 2 個彎，或是讓管徑變小，都會使抽風的效率變差。

4 老舊風管需更新

若是重新安裝排油煙機的情況下，老舊的風管也需一併更新，避免舊風管中堆積的油煙形成易燃物。

5 避免在樑上穿洞

由於樑柱為結構體，一旦隨意穿洞則會破壞房屋結構，因此風管路徑不可隨意穿樑。

6 水槽要經過排水測試

安裝完畢後要經過多次的測試排水功能是否順暢，利用灌水確認排水速度，並嚴禁洗滌其他物品或到入油漬等，以免影響判斷。

7 水槽側邊的防水處理要確實

水槽與檯面要注意邊緣的防水處理，如防水橡膠墊、止水收邊如矽利康等處是否確實。

8 爐具安裝完後先試燒

瓦斯爐安裝完畢應試燒，調整空氣量使火焰穩定為青藍色。事後則不定期檢查爐火是否燃燒完全，若發現黃色火焰過多，則請專業人士檢查調整。

9 爐具的電子開關和爐頭需緊密結合

電子開關和爐頭結合要確實，避免鬆脫情形。另外，瓦斯進氣口的部分要注意夾具與管具之間的安裝要確實牢固，以免造成瓦斯外洩。

10 電磁爐安裝完後確認不會晃動

電磁爐無須使用矽利康收邊，爐台四邊本身附有泡棉作為固定之用，直接放置檯面開口後以手確認不會晃動即可，這樣的設計是方便搬動瓦斯爐，便於日後可更換瓦斯爐內的電池。

11 檯面結合要平整

不論是 L、ㄇ 字型的廚房設計，在檯面的接合處及轉角都要注意是否有平整連接，並且轉角收頭要做到一致性，以免影響美觀。

常用廚具設備

安全便利為首要選擇

廚具的挑選需先確認使用需求。廚櫃首重便利使用，若家中有長者使用廚櫃可加裝電動式設計。
而爐具、抽油煙機等設備則是要依照烹飪習慣以及符合使用者的身高。

廚櫃

| 適用區域 | 廚房
| 價　　格 | 整組計價，依產品設計而定

特色

廚櫃材質大致可分為木心板、塑合板、不鏽鋼等。其中，有裝置水槽的底櫃需注意防水的問題，建議使用發泡板或是不鏽鋼板，發泡板質輕又防水；不鏽鋼桶身則有防水、防腐蝕的功能、堅固耐用。塑合板和木心板都較容易受潮，一旦有受損，細菌和蟑螂較容易滋生，因此較適合用於上方的吊櫃，相對而言不容易有沾水的機會。廚櫃型式可分成吊櫃、底櫃和落地櫃。一般在收納不常用且較重的器具時，建議可放至底櫃，且盡量往櫃內底部擺放；較輕、使用頻率高的物品應擺放於靠近櫃門的地方。

圖片提供／摩登雅舍室內設計

挑選注意　　　　　除了桶身建議選用防水材質外，門片也需注意是否有防水，一
般來說可選發泡板或塑合板作為門片底材，再利用烤漆或塗裝
加強。

施工注意　　　　　廚櫃裡若要裝置電動式收納設計，在廚房規劃時應一併提出，
於水電配置時進行修正補強，增加配電容量。

排油煙機

| 適用區域 | 廚房
| 價　　格 | 依使用需求和各家廠牌而定

特色

依照排油煙機的款式和造型可分成：傳統斜背式、平頂式、隱藏式、歐風倒 T 式。傳統斜背式和平頂式的排風力較強，但機具的厚度較厚，比較佔空間，考量到厚度的問題，目前則較少使用。倒 T 式和隱藏式排油煙機都可藏於廚櫃中，而倒 T 式的造型美觀大方，適合搭配歐風廚具，常作為開放式廚房中使用的器具之一，材質多以不鏽鋼與鋁合金為主。目前還設計出更輕薄的排油煙機，甚至有隱藏在中島檯面下的升降式排油煙機，排煙速度快，也讓整體美觀更一致。

挑選注意

排油煙機的尺寸要比瓦斯爐大，瓦斯爐寬度一般約 70 ～ 75cm，最好選擇 80 ～ 90cm 左右的排油煙機，才能擴大排煙範圍。要注意若是安裝隱藏在檯面下的升降式排油煙機，只能與電磁爐搭配使用，不可使用瓦斯爐，這是因為排油煙機若離爐火太近，會將火舌捲入產生危險。

施工注意

排油煙機擺放的位置不宜在門窗過多處，以免空氣對流影響而無法發揮排煙效果。若想用櫃體隱藏排油煙機時，必須精確丈量廚櫃與機器的尺寸，以免產生誤差，造成無法安裝的問題。

圖片提供／曾建豪建築師事務所／PartiDesign Studio

檯面

| 適用區域 | 廚房
| 價　　格 | 依材質不同，價格不一

特色

早期的檯面多以天然石材為主，但由於天然石材容易有吃色問題，因此研發出人造石、石英石等仿石產品。人造石除了具有耐磨、耐污、好清理等特性，整體造價也比天然石材低廉，已成為不少人使用檯面的建材首選。若想呈現一體成型的設計，還可選用不鏽鋼檯面，不僅耐磨耐用，防水又抗酸鹼。但價格較高，且表面容易產生水紋較難清除，若用菜瓜布等用品擦拭則易有刮痕。另外還可選擇經濟實惠的美耐板檯面，優點在於耐磨、不易刮傷。但若美耐板的轉角接縫處沒有做好防水處理，容易會發黑，甚至會造成底板腐壞、表面翹曲的情況。

挑選注意

大理石和和花崗石作為檯面，雖然紋理質感佳，但天然石材具有毛細孔，容易吸附水氣和油污，時間一久表面容易發黃。並且大理石的硬度較低，不適合在上面進行切剁的動作。除了材質問題，可依照需求增加檯面是否有前緣止水的設計，避免水流出檯面。

施工注意

凡是石材類的檯面都須先在現場打版後才進場依樣裁切，通常是在廚櫃組裝完工後，於現場先做板模，精準地裁量出轉角空間的角度，讓檯面與壁面更為密合。

圖片提供／裏心空間設計

水槽

| 適用區域 | 廚房
| 價　　格 | 依材質不同，價格不一

特色

一般水槽可分成不鏽鋼、琺瑯、結晶石、人造石材質。不鏽鋼的水槽耐洗又耐高溫，部分產品的表面會塗上一層奈米陶瓷，使油污不容易附著其上，再加上做出凸粒狀的設計，增加防刮功能。為一般家庭較常使用的材質，價格從 NT.3、4,000 元到上萬都有。 人造石水槽怕熱水，容易造成水槽斷裂的情形；結晶石水槽耐刮耐刷，不容易看到刮痕，但價格較高，約莫 NT.20,000 元以上。瓷性水槽的風格獨特，多是造型取勝，耐熱耐刮；琺瑯水槽則怕碰撞，一旦表面塗層剝落，要馬上塗佈油性漆，否則遇水容易生鏽，目前較少人使用。

挑選注意

水槽尺寸是選購時的最大考量，標準的炒菜鍋直徑便有 38cm，為了清洗的便利著想，建議至少挑選 50cm 寬度以上的單槽。同時水槽深度必須適中，須符合使用者的身高和鍋子的尺寸。若深度太深，使用者需常彎腰，長久下來容易腰痠背痛；若太淺，容易噴濺水花。

施工注意

連接排水管時注意是否有鎖緊，避免漏水。安裝完畢後要經過多次的測試排水功能是否順暢，藉由灌水確認排水速度，並嚴禁洗滌其他物品或到入油漬等，以免影響判斷。

圖片提供／裏心空間設計

爐具

| 適用區域 | 廚房
| 價　　格 | 依使用需求和各家廠牌而定

特色

依照爐具的形式可分成獨立式檯爐、嵌入式檯爐、檯面爐。早期多使用獨立式檯爐，以兩口設計為主；嵌入式檯爐與廚櫃鑲嵌，因此須留出一定的深度，有施作上的限制，缺點為會產生許多縫隙，又無法收邊，較容易滋生蟑螂螞蟻。大多可分成不鏽鋼或琺瑯材質，不鏽鋼材質較耐熱、耐刷洗；琺瑯表面有上漆，用久了之後會有掉漆的問題。檯面爐的點火開關旋鈕在爐具面板上，因此無須在廚櫃預留空間，檯面材質多以不鏽鋼、強化玻璃為主。檯面爐若是瓦斯爐火的設計，建議不要選用大鍋子，若鍋子超過爐台範圍，火源被壓低，檯面受熱面積變大，容易使檯面斷裂，雖可維修填補，但無法修復到原先的無接縫樣貌。

挑選注意

若是重新更換的情形下，選購嵌入式檯爐及檯面爐前，要特別考量到原先爐具的挖孔尺寸大小，通常選擇性較少。若開孔尺寸不合，建議可連檯面一起更換。

施工注意

IH爐或電磁爐裝設時，櫃體需開進氣孔，且下方的抽屜不能太貼近爐檯，要有適當空氣量讓機具降溫。以免產生熱當機，若不做散熱孔，抽屜與爐具需拉開間距。

14

空調工程

搞懂空氣對流原理，選擇合適空調設備

舉凡與室內空氣調節相關的工程都可稱之為空調工程，包含冷氣、暖氣、除濕等等。冷氣主要分為分離式與窗型兩種，分離式空調因為需要安裝冷媒管、排水管、室內機等設備，因此必須在木作工程前先安裝，才能確保將這些管線機器能不被木作角料干擾，並不至於影響室內空間的美觀。另外因為坪數與周邊環境都會影響冷氣噸數選擇，這亦需思考在內。

專業諮詢／育縢工程行、今采室內裝修工程

✚ 常見施工問題 TOP 5

TOP 1 木作天花擋住吸風口，冷氣永遠不冷？（解答見 P.281）

TOP 2 品牌、型號、機種配件與估價單不符合？（解答見 P.280）

TOP 3 混用新、舊式冷媒管，壓縮機掛掉了？（解答見 P.280）

TOP 4 銅管連接未燒焊，導致冷媒外漏？（解答見 P.274）

TOP 5 沒有抽真空、冷氣一下冷、一下不冷，還會當機和噴水？（解答見 P.275）

✚ 工法一覽

	壁掛式空調安裝	吊隱式空調安裝	窗型空調安裝
特性	分離式空調的一種，主機裝於室外，室內機則裸露於空間中，較吊隱式空調不美觀，但於保養維修時較便利。	屬於分離式空調的一種，主機亦安裝於室外，而室內機隱藏於天花板之中，較為美觀。	傳統式的空調種類，近來已越來越被分離式的機種所取代。但因為構造簡單，保養也相對容易。
適用情境	**最方便、CP 值最高** 全室適合	有足夠天花的高度（需 2 米 6）	適用於有對外冷氣孔與對外窗的室內
優點	1 維修與保養較吊隱式方便 2 出風口集中，施工與維修方便，天花板也不用降低，只需直接安裝於牆壁上 3 壓縮機置於室外較安靜 4 不需要對外冷氣孔或對外窗即可安裝	**施工最複雜、最美觀** 1 機體藏於天花板中較美觀 2 整體費用較壁掛式便宜 3 壓縮機置於室外較安靜 4 不需要對外冷氣孔或對外窗即可安裝	1 構造簡單保養容易 2 價格相較分離式低廉 3 故障率低
缺點	機體外露較不美觀	1 如空調設備壞掉或需移機，則需拆除天花 2 有樑較不易施作、天花不宜太低 3 管線和工程費用較高	1 壓縮機之噪音較明顯 2 需有對外冷氣孔或對外窗 3 新技術較不被廠商投資
價格	連工帶料，依空調價格而定，NT.27,000 元起跳（3～4 坪）	連工帶料，依空調價格而定，NT.27,000 元起跳（4～6 坪）	**最便宜、最快速** 連工帶料，依空調價格而定，NT.13,000 元起跳（3～5 坪）

※ 本書記載之工法會依現場施工情境而異。

※ 施工價格僅為參考，實際價格會依市場浮動而定。

壁掛式空調安裝

預作規劃，不走明管更美觀

30 秒認識工法

| 優點 | 安裝、維修便利
| 缺點 | 較吊隱式不美觀、有時難與室內設計搭配
| 價格 | 連工帶料，依空調價格而定，NT.27,000 元起跳（3 ～ 4 坪）
| 施工天數 | 配管工程約 2 ～ 7 天，裝機工程約 1 ～ 3 天（視機器數量、環境條件而定）
| 適用區域 | 全室皆適合

黃金準則　考慮減少木作配管工程包覆，妥善隱藏冷媒管與排水管，事前進行協調木工、水電與空調多個工班，進度不延誤

壁掛式空調可分為分離式與多聯式兩種，簡單來説分離式就是一對一（一台室外主機對應一台室內機器）；多聯式就是一對多（一台室外主機對應多台室內機）。一對多的設計適合大樓型建築狹窄的室外空間，但如果室外空間充足，一對一是較好的選擇，因故障淘汰時較省錢。壁掛式冷氣在木工進場前，室內部分只裝設銅管、排水管、電源等，裝機則為油漆工程退場後。另外注意裝設時千萬不能將室內機全部包覆在天花板內只留出風口，冷氣四周應該留有適當的迴風空間，機器上方需距離天花板 5 ～ 30cm 不等，前方則至少需有 30 ～ 40cm 不被阻擋；且裝設時不應只考慮與室外機距離遠近，建議安裝在長邊牆，才能讓冷氣在短時間內均勻吹滿空間降低室內溫度（但仍需視現場空間比例及實際生活作息而定）。

✚ 室內機施工順序 Step

✚ 擬定空調施工計畫　▶　定位、放樣、畫線　▶　✚ 裝置背板配管、確認位置、　▶　✚ 裝機與試機

✚ 室外機施工順序 Step

掛架安裝 ▶ 美化管槽安裝（引導並保護） ▶ 機器定位 ▶ 電源配置（漏電斷路器安裝） ▶ 銅管及排水的接續 ▶ ✚ 抽真空 ▶ 試機（試站壓）

⬢ 關鍵施工拆解

01

擬定空調施工計畫

在工程開始施工前要先擬定好空調施工計畫，並預留適當空間放置室內與室外機器，而規劃時須考慮到日後的維修狀況，並留意天花板的高度與排水管的洩水坡度。

Step 1 空調工班現場勘驗

評估空間大小、使用人數、熱源多寡、開窗位置、日光照射、是否有頂樓西曬等問題。

Step 2 木工、水電與空調一同協調空調施作

冷氣安裝需考慮未來如何減少木作，又能藏得住冷媒管與排水管，同時牽扯到木工、水電與空調三個工班，最好一次找來當面協調。

✕

📢 注意！ **事前沒規劃，明管裝不完**

室內設計之初如果沒有將空調系統列入計畫之中，未來不可避免以明管的方式進行施作，建議即使沒有空調計畫，也可以先預留管線及室內機的開口位置，這樣如果要裝設冷氣時就能少掉一筆費用也較美觀。

圖片提供／演拓室內設計

✕

📢 注意！ **冷氣室內機安裝應盡量靠近室外機**

室內機離室外機距離越近越好，其冷媒連接管應該在10m以內，這樣除了縮短冷媒管線長度又可增加冷媒效率，並能減少隱藏大批管線的木作面積。

02
配管、
確認位置、
裝置背板

注意管線需能向外洩水，避免倒流，同時打入膨脹螺絲、背板鐵架、螺絲引洞、鎖上背板鐵架。

Step 1　**配置銅管、電源、排水管**

在安裝冷氣之前，冷氣師傅需將銅管要從室外機處適切地配置到室內機處。配置電源線（給室外機用的）跟控制線（室外機接到室內機）。電源線是供電給室內機之用，控制線則是用來控制遙控開關，最好是實心線，非一般絞線。最後則是排水管，並請注意一定要做好洩水坡度，不然水會在水管中積存，最後導致室內機漏水。

圖片提供／朵卡設計

Step 2　**裝置冷氣背板**

配完管線後，空調工程到此告一段落，接著由木工進場，如果有需要隱藏的部分，木作可於此時施作，待油漆工程結束，再繼續裝置背板，打入膨脹螺絲、背板鐵架、螺絲引洞、鎖上背板鐵架。

圖片提供／朵卡設計

✕

📢 注意！　**銅管包覆前確認是否沒有漏氣**

焊接完後需要測試焊接點是否密實，因此要先在上焊接處塗上肥皂水或清潔劑，接著將銅管跟冷氣高低壓表的外接銅管作焊接，觀察冷氣高低壓表，同時觀看焊接口是否有泡泡出現，藉此確認焊接口的密實度。

03
裝機與試機

Step 1　**裝機**

裝壁掛式空調需注意與天花板留 10 ～ 30cm 的距離，前方則須有 30 ～ 45cm 不被遮擋，讓其四周有適當的「迴風空間」，冷氣才能發揮該有的效能。

圖片提供／演拓室內設計

壁掛式室內機裝置於木工退場後，油漆工程快結束時進行，並注意吊掛室內機裝機時不應與上面樓層靠太近（需有 5 ~ 30cm 的距離），否則容易造成樓上地板結露。裝機完畢後則需試水管與測水平才算是完善。

Step 2 試機（測水平、試水管）

有時冷氣機會從室內機殼邊緣漏水，原因主要有兩項：排水管和冷氣機接頭沒有接好，或是洩水坡度不夠，積水於管內，使得接頭承受不住而漏水，因此室內機安裝完一定要試排水，建議清潔完至少開機運轉 4 ~ 8 小時才能確認有無問題。

> ✕
> 📢 注意！　**留意機器的水平高低**
> 室內機水平傾斜超過 5 度以上，容易造成冷氣傾斜漏水，或冷氣排水管不順造成漏水，因此應該多加注意。

04
抽真空

分離式冷氣，安裝完室外機後最重要的一個工序就是「抽真空」，其能排除管線中的空氣與雜質，並確保冷房效果及減少機器的故障機會。

Step 1 將高低壓量表接住高低壓閥管線

用活動扳手將冷氣室外機的高低壓閥鬆開，將冷氣高低壓量表的紅色管線接往高壓閥端，黑色管線接往低壓閥端，再把中間黃色管接往真空泵。

Step 2 抽真空

打開高低壓兩閥門，打開真空泵後，即開始抽真空。觀察冷氣高低壓量表，掌握抽真空的狀況，抽到絕對真空後再抽 10 ~ 15 分鐘以確實清除系統內的水分。

圖片提供／今采室內工程

Step 3 確認有無滲漏

關掉高低壓兩閥門，再關掉真空泵，等 10 分鐘確認真空度沒有減少則表示沒有滲漏，完成抽真空。

圖片提供／今采室內工程

吊隱式空調安裝

注意樓高限制

30 秒認識工法

| 優點 | 藏於天花較美觀
| 缺點 | 須降天花板施作
| 價格 | NT.27,000 元起（4 ～ 6 坪，價格視品牌而定）
| 施工天數 | 配管工程約 2 ～ 7 天，裝機工程約 1 ～ 3 天（視機器數量、環境條件而定）
| 適用區域 | 天花板較高的室內

黃金準則 天花板至少需有 40cm 高才適合安裝

吊隱式空調可以將機體隱藏在天花板，看起來整齊美觀，所以通常會被建議在公共空間內配置，讓空間視覺達到一致性，但因為除了室內外機還需要集風箱和出風口，天花板至少 2 米 6 才建議安裝。而吊隱式空調在施工階段室內機於木工進場前需裝機完畢，首先空調工程師傅會先安排冷媒管與排水管線位置，接著將室內機吊掛於天花板上，並將冷媒管與排水管銜接到室內機上，之後分別安裝集風箱與導風管。在安裝完導風管後換木作師傅進場，以角材骨架施工製作天花板，並在封矽酸鈣板前安置集風箱。接著進行封板動作，並於油漆完成後裝上線形出風口與室外機，施工時進出迴風口要注意位置，因為風口是線形設計，因此出風和迴風直吹對面下迴效能較佳，常見為側吹平行下迴或平行側迴。

⊕ 室內機施工順序 Step　　（室內機全部步驟於木工進場前裝設完畢）

擬定空調施工規劃 ▶ 定位、放樣、畫線 ▶ 接配銅管、電源、排水管（施工見 P.274）▶ 確認室內機吊掛位置 ▶ 螺絲、將牙桿鎖在膨脹螺絲上懸掛牙桿、螺絲引洞，打入膨脹 ▶ ⊕ 安裝室內機 ▶ 油漆完成後安裝線形出風口

⊕ 室外機施工順序 Step

（隨時可上機，如果先上機可於木工進場前安裝後用塑膠布包覆好，或是等油漆快退場時安裝。）

掛架安裝 ▶ 管槽安裝（引導並保護） ▶ 機器定位 ▶ 電源配置（漏電斷路器安裝） ▶ 銅管及排水的接續 ▶ ⊕ 抽真空 ▶ 試機（試站壓）

施工見 **P.277**

⊕ 關鍵施工拆解

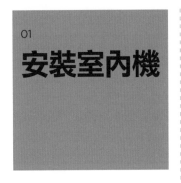

01
安裝室內機

吊隱式空調和壁掛式空調於安裝僅有一個大的差異：壁掛式的室內機於最後的油漆工程後安裝，吊隱式則需請木工先叫好角料，並於木工進場前安裝，好施作包覆。

Step 1 裝機

吊隱式空調的功率大，相對噪音也大，所以設計時一定要預留適當的空間放置機器，才能降低音量。何謂適當的空間？建議大約要留下比機器大 1.3 倍的空間才足夠，如果預留的空間不足，再加上清潔不易，就會孳生塵蟎等細菌，讓家變成最易生病的空間。

Step 2 安裝風管及出風口

出風口設置有訣竅：出風方式分為下出下回、側出側回、側出下回等，由於風口為線性設計，因此出風口和回風口的常見配置位置為側出要平行下回或平行側回、下出則在對面下回。

Step 3 以膠帶貼覆風口或以塑膠袋包覆

因為機器於木工進場前就裝機完畢，為了避免施工時的粉塵進入冷氣孔中導致機器毀損，需將風口以膠帶貼覆或是以塑膠袋包覆保護機器。

圖片提供／今采室內工程

✖ 📢≋ 注意！ **留意天花是否有樑**

有樑就會影響室內機擺放的位置，連帶讓管線繞樑進行，管線過樑必須得多出 5 ～ 15cm 的空間，這將使天花板高度相對縮減，易容易產生壓迫感。

窗型空調安裝

便宜簡單有窗即能施裝

黃金準則 機體安裝時向外微傾 5 度，避免積水及生鏽問題

窗型冷氣為早期最常見的冷氣機型，但現在許多新式建築並未留有窗型孔而無法安裝，因此裝置主要以較為老舊的公寓為主。窗型空調挑選時要注意冷氣孔適合一般型或直立式，且可以擺放位置決定左吹、右吹、雙吹或下吹式，窗型冷氣價格低廉、安裝又便利，但因為窗戶無法完全緊閉，室內容易受到外部的噪音干擾，而安裝時則需注意周邊的防水處理，並以向外傾斜約 5 度安裝，避免機體下方積水而生鏽，也要注意是否確實鎖在冷氣平台上，確保地震或強大風雨時被吹落。

 施工順序 Step

確認安裝位置（預留冷氣孔或對外窗） ▶ 安裝窗型機器 ▶ 試機

✚ 關鍵施工拆解

01

安裝
窗型機器

事前拆除原有冷氣，裝機時要注意四周的縫隙必須填補完全，避免發生漏水問題。

Step 1 **安裝冷氣架**

窗型冷氣的裝設一定需有對外冷氣孔或是對外窗戶；如於對外窗裝設將窗戶拆除，接著安裝上冷氣專用鋁條並鎖上，注意支架需留有約 5 度的洩水坡度，避免冷氣底部積水生鏽。

攝影／張景威

Step 2 **鎖上窗型冷氣**

將冷氣放上冷氣架上並照使用說明書的方式將冷氣鎖上，並用中空板或是 PP 板將四邊的細縫填補，以防雨水滲入，最後接上排水管及電源即可。

📢 注意！　**考慮周遭防水處理和安全性**

確認冷氣是否「不是」安裝在鋁門窗上，並儘量將冷氣架裝在結構體的磚牆或是 RC 結構上，再將冷氣放在冷氣架上才夠穩固，否則容易造成漏水，甚至整個機器脫落或是被颱風吹垮。

📢 注意！　**計算平台承載率**

仔細計算平台承載的重量，並確認冷氣是被「鎖上」而不只是「放上」，避免地震或強風大雨時造成災害。

📢 注意！　**慎選防水填充材料**

窗型冷氣周邊的防水填充材選用不會產生低頻聲音的產品，減少噪音的產生。

攝影／許嘉芬

空調監工要點

建立順暢排水方式

安裝空調時，設備是工程的重點，亦是花費最高之處，因此需確認機器是否與估價單吻合。由於天氣會造成金屬表面的鏽蝕結構上的變化，一般室外機會使用鍍鋅材質，但溫泉或海邊住宅則應該選用不鏽鋼材質。

注意冷媒管的新舊，新冷媒管的管徑厚度要求為 0.8mm。

✛ 建材檢測重點

1 確認訂購品牌、型號、機種、配件是否正確

空調於安裝之前一定要記得檢查送來的室內外機品牌、型號、機種與配件是否與估價單上吻合。銅管的品牌、材料厚度及管徑大小是否正確，排水管確實選用 PVC 管而非一般透明水管。

2. 留意新舊冷媒管使用

目前冷媒管已經全面換新，因為新冷媒的壓力大於舊冷媒的 1.6 倍，所以冷媒管的管徑厚度要求為 0.8mm，在安裝時冷媒管外的被覆保溫層上有註明新冷媒專用。

3 排水管套用保溫材

冷媒與空氣進行熱交換時，空氣中的水分在蒸發器或冰水盤管的表面會不斷凝結成水珠，因此需要排水管將水分排出於設備外，而排水管應該包覆保溫材，避免因冷凝現象而漏水。

排水管一定要套用保溫材，以防管線遇冷凝結而漏水。

圖片提供／演拓室內設計

吊隱式冷氣需留出足夠大小的維修孔。

◇名詞小百科：EER 值

能源效率比 EER（Energy Efficiency Ratio）值，是以冷房能力除以耗電功率 W，也就是說冷氣機以定額運轉時 1W，電力 1 小時所能產生的熱量（kW），EER 值是代表冷氣效率的重要指標，此值越高即越省電。

➕ 完工檢測重點

壁掛式、吊隱式空調安裝

1 有無按照計劃施作

空調工程一開始即擬定空調施工規劃，包含預留適當的空間放置機器，留意天花板高度及排水管坡度等，檢測時需拿圖仔細對照是否按照計劃進行。

2 洩水坡度是否順暢

空調機器及水管如果洩水坡度不當，容易造成積水與生鏽問題，因此施工結束後接水管，開水試 5～10 分鐘即可得知能否順利排水。

3 室外機放置冷氣專用架上

室外機應該放置冷氣專用架上，不因為省錢而放置在冷氣維修籠上，避免造成日後維修的不便。

4 勿破壞建築結構體

安裝空調的配線孔是否有穿樑？如果有的話必須仔細確認有無破壞到建築結構體。

5 壁掛式空調要以木作包覆預留空間

壁掛式空調如需以木作包覆，需預留至少 40cm 深，60cm 高的空間有助於對流，如果空間太過密合將影響空調效能。

6 吊隱式預留維修孔

確認吊隱式空調是否預留維修孔，其位置需臨近機體，開口大小要方便操作，日後要維修或是拆卸滴水盤清潔也較方便。

窗型空調安裝

1 機體向外傾斜 5 度，避免積水

許多人為了裝機美觀將窗型冷氣正面安裝，造成洩水不易而積水生鏽，因此安裝時稍微傾斜約 5 度，讓冷氣水得以順利排出。

2 照安裝手冊程序安裝

雖然窗型冷氣的安裝簡單，有時連消費者即可以自行安裝，但機器來時需確認噸數、機種年份是否正確，並照安裝手冊程序安裝。

圖片提供／演拓空間設計

室外機放在冷氣專用架上才方便維修。

常用空調配件

掌握配件細節，施工更順利

「工欲善其事，必先利其器」，空調設備的安裝工法相對其他工程單純，但是每個配件如果沒有好好挑選或施作，都可能會造成後續工程施作的問題。

排水管

| 適用情境 | 固定室外機使用
| 價　　格 | NT.1,200 元（鍍鋅）、NT.3,000 元（不鏽鋼）

特色　　　　　　舉凡分離式空調皆需要使用排水管，因為冷媒和空氣進行熱交換時，空氣中的水分在蒸發器或冰水盤管的表面會不斷凝結成許多水珠，所以需要透過排水管將水分排出設備外，避免累積留在設備中，而導致室內機漏水。

圖片提供／今采室內工程

安裝注意	排水管的平面與立管連接要使用斜 T 三通與 45 度彎頭零件施工，而且在排水立管的最頂端要加裝排氣鵝頸，以利排氣及防止異物進入排水管。

施工注意	排水管皆須施作包覆保溫，並應該離天花板一定距離，增加排水效率。但要注意的是，為了避免沼氣對機器的冷排和冷媒管造成氧化現象，在安裝吊隱式冷氣時，排水管需額外加上透氣管；而安裝壁掛式冷氣時，排水管與壁面或天花的交接處需密封。

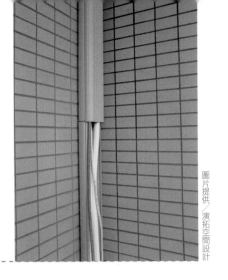

圖片提供／演拓空間設計

銅管

| 適用工法 | 壁掛式與吊隱式安裝
| 價　　格 | 約 NT.300 元／米（依不同規格會有價格落差）

特色

銅管一般用於分離式冷氣輸送冷媒用，銅管分為高低壓管，高壓管孔徑較小，用來傳送液態冷媒到室內機，低壓管孔徑較大，當冷媒吸熱變成氣態後，從室內機沿著低壓管回流到室外機冷卻為液態。一般外面會包覆泡棉做保護，屬於保溫材質，通常是白色，主要用來保護銅管及保溫，可以確保冷氣效能正常，以及避免銅管因為結露而滴水。而銅管標準安裝長度是 5 米，如果超過 5 米建議要填充冷媒，避免減弱冷氣效能。

挑選注意

銅管依照搭配的冷氣噸數不同，管徑分為 2 分 3 分，2 分 4 分，2 分 5 分……等，除此之外，冷媒 R410A 的壓力為 R22 的 1.6 倍，因此為了承受較大的壓力可使用壁厚較厚的銅管（0.8mm），普通一般型的銅管則為 0.65mm。

施工注意

配銅管時要注意保持乾燥、氣密以及清潔，因為現在的環保 R410A 系統對灰塵及濕氣極為敏感，因此配銅管時要做好保護，以膠帶、覆膜或是加蓋的方式來避免，安裝完畢後也要確認銅管有沒有排列整齊？保溫材有無被破壞？

圖片提供／張景威

安裝架

| 適用情境 | 固定室外機使用
| 價　　格 | NT.1,200 元（鍍鋅）、NT.3,000 元（不鏽鋼）

特色

分離式空調固定室外機安裝時的架子，安裝架的材質分為鍍鋅與不鏽鋼，目前大部份的住宅使用鍍鋅材質，大約能使用 5 ～ 10 年，不鏽鋼材質則更為耐用，但價錢與鍍鋅相差一倍，如果是溫泉、海邊住宅擔心生鏽則較建議選用。

安裝注意

室外機安裝並不建議裝設在鐵皮結構上，容易因為共振而產生噪音。此外若要裝設在懸空的外牆上，需額外安裝維修籠，讓日後維修人員有足夠空間施作。

施工注意

安裝安裝架時需注意應完全貼平在牆上，沒有任何空隙，如果沒有完全貼平的話，運轉時則容易產生噪音，嚴重時可能會有掉落問題。

15

其他材質

依材質特性，各異其趣

本章是選入一般常用但較少討論的材質種類，像是運用塑料製成的 PVC 地磚和塑合木。另外，水泥或漆面完工後，也經常會上一層透明的 Epoxy（環氧樹脂），防止水泥起砂或是保護漆面抗污，同時 Epoxy 本身也可直接作為地板使用，使用區域以廠房、停車場等商用空間為大宗。

專業諮詢／鏵達實業

✚ 常見施工問題 TOP 5

TOP 1 一完工後，發現 Epoxy 地板產生裂痕，甚至有部分區域不平整，是什麼原因！？（解答見 P.289）

TOP 2 想在廚房也施作 Epoxy 地板，但師傅卻說不建議，這是為什麼？（解答見 P.294）

TOP 3 若擔心 Epoxy 地板的花色和想要的不相同，該如何避免？（解答見 P.292）

TOP 4 PVC 地板一定要先整平地面嗎？不做會有什麼後果？（解答見 P.290）

TOP 5 已經沒有預算了，PVC 地板可以不用鋪防潮布嗎？（解答見 P.293）

✚ 工法一覽

	Epoxy 工法	PVC 地磚施工
特性	Epoxy（環氧樹脂）施工方式會依照環境的需求而有所不同，但施工步驟大致可分為底塗、中塗和面塗，每一層的作業都需一次完成，才具有完整無接縫的質感	👍 **最需平整地面** 依照 PVC 地磚的形式可分成黏貼式和卡扣式施工。鋪上防潮布後直接貼於地面或是利用卡扣相合，地面需注意平整
適用情境	適合用在牆面、平整無傾斜的地面	需在平整無傾斜的地面施作。價格低廉多在商空使用
優點	施工時間短，價格較經濟實惠	施工容易，工時短，可以節省成本
缺點	下雨天無法施作，乾凝速度會變慢	黏貼式的 PVC 地磚若直接貼於地面，事後不易清除痕跡
價格	NT.2,000 ～ 5,000 ／坪。基本需施作 15 坪，若不足則需另付基本出工費	NT.1,200 ～ 2,000 元左右（厚度為 2 ～ 3mm）

※ 本書記載之工法會依現場施工情境而異。

※ 施工價格僅為參考，實際價格會依市場浮動而定。

Epoxy 工法

確實整平地面，確保無接縫

30 秒認識工法

| 優點 | 施工時間短，價格較經濟實惠
| 缺點 | 下雨天無法施作，乾凝速度會變慢
| 價格 | NT.2,000 ～ 5,000 ／坪。基本需施作 15 坪，若不足則需另付基本出工費
| 施工天數 | 約 5 ～ 7 天
| 適用區域 | 客廳、餐廳等乾燥區，不可用在濕區
| 適用情境 | 適合用在牆面、平整無傾斜的地面

黃金準則　事前緊閉門窗，施作期間需避免蚊蟲進入掉落地面，才能確保完成面的平整

Epoxy，也就是所謂的環氧樹脂。本身具有抗酸鹼、耐磨耐髒的特性，通常會塗佈於水泥粉光、漆面的表面，形成一道保護層，或是直接作為地坪施作。Epoxy 的施工面須注意是否有裂縫或水平問題，地坪需事先整平乾淨。若原本為地磚或大理石地板，可直接施工覆蓋，但若是木地板的情況則需拆除再施作。施工的步驟大致可分成三個部分：底塗、中塗和面塗，若要增加玻璃纖維網、銅線等特殊功能，在底漆完成後施作即可。Epoxy 以 A 劑和 B 劑混合凝固後要馬上施作，避免乾硬，因此每一層的施塗，不論坪數多寡都需在一天內完成，不能分開施工，否則就會產生接縫。

✚ 施工順序 Step

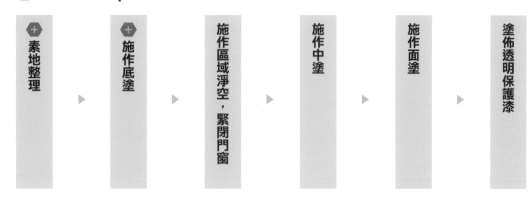

素地整理　▶　施作底塗　▶　施作區域淨空，緊閉門窗　▶　施作中塗　▶　施作面塗　▶　塗佈透明保護漆

⊕ 關鍵施工拆解

01 素地整理

Epoxy 的施作面需平整，需處理水平和裂縫問題，若為磁磚地，則需先覆上一層底材整平磚縫。

Step 1 清除砂粒，切除水泥面裂縫

水泥地坪容易產生裂痕，為了避免裂痕影響到 Epoxy 的完成面，需將裂縫先擴大切除。

圖片提供／鍊達實業

Step 2 填補裂縫

以水泥砂填補裂縫後待乾。

圖片提供／鍊達實業

> ✕ 📢 注意！ **磁磚面覆上水性樹脂底材，填平磚縫**
>
> 若是在磁磚面施作，需先塗上水性的樹脂底材，將磚縫全面整平，待 3 ～ 5 天的養護後再繼續施工。

02 施作底塗

Epoxy 是由 A 劑和 B 劑混合而成，一旦混合將開始乾硬，需盡速施作。

Step 1 依比例調配混合 AB 兩劑

AB 兩劑依照產品說明的比例混合，需精準確實。若配比錯誤，有可能出現無法乾凝的情形，需挖除重做。

Step 2 塗佈地面

混合後的 Epoxy 塗佈於地面上，需一次完成。

圖片提供／鍊達實業

PVC 地磚安裝

地面平整才美觀

黃金準則

確保地面需整平，距牆面需留 3 ～ 5mm 的縫隙收邊

PVC 地磚，也就是塑膠地磚，厚度輕薄，約在 0.2mm 到 0.5mm 之間，早期是在地面均勻塗佈上膠，以特殊膠料將地磚貼覆於地面，或是地磚背面已上膠的黏貼方式。雖然施作方便，但日後拆除相當麻煩，還會在原有地面留下痕跡，目前已發展到卡扣式的施工方式，利用公榫和母榫的設計將地磚拼合，也能解決破壞原有地面的問題。PVC 地磚鋪設之前建議先整平地面，這是因為 PVC 地磚較薄較軟，會依著地面起伏。在鋪設時，若為方形地磚，需拉出施作區域的中心線，沿線向外鋪設較為美觀；若是長條形的地磚，則需由牆面開始施作，並留出 3 ～ 5mm 的伸縮縫。

✛ 施工順序 Step

整地 ▶ 確立中心線（方形地磚適用）▶ ✛ 防潮布鋪設 ▶ ✛ 鋪設地磚（黏貼式、卡扣式）▶ ✛ 收邊

✛ 關鍵施工拆解

01 防潮布鋪設

在有預算的情形下，可額外鋪設防潮布，多一層保障。

Step 1 **鋪設時必須重疊 3cm**

將防潮布鋪設於所有施工處的地坪，銜接處需重疊 3cm。

02 鋪設地磚（黏貼式、卡扣式）

依照地磚的形式鋪設，黏貼式施工時需注意水平垂直，卡扣式則是需注意留出伸縮縫。

Step 1 **依地磚形式選擇裝設起始點**

方形地磚從中央開始，長形地磚從入口處向內鋪設。

Step 2 **鋪地磚**

卡扣式地磚利用榫接接合，黏貼式直接貼覆於地面，並沿牆四周留出伸縮縫。

03 收邊

一般可使用收邊條或是矽利康收邊，依照使用區域而選擇。

Step 1 **矽利康收邊**

沿牆面伸縮縫施打矽利康。若有溢出的情形，要趕快將多餘的矽利康擦除。

Step 2 **收邊條收邊**

沿伸縮縫安裝收邊條。收邊條多半用於有高低落差的地方，像是玄關入口與室內的交接處。

監工細節要點

Epoxy 一天施作完畢，
PVC 地磚需整平地面

Epoxy 的施工較為複雜，每一道施塗需一次完成，不可分開施作；而 PVC 地磚的施工方式相當簡易，和木地板相似，注意牆邊留縫即可。

若是施作特殊花色和紋理的 Epoxy，事前需經過打樣溝通。

攝影／蔡竺玲

+ 建材檢測重點

1 建議事前打樣，確認完成面樣式

Epoxy 可創造出特殊的表面紋理和不同的表面處理，為手工製作無法完全一模一樣，可請廠商事先提供打樣比對，溝通到適合的圖樣後再進行，較為妥當。

2 完工確認有無污染到其他材質

一般來說，Epoxy 多在工程後期進場，因此施作前要先以保護材料包覆木作，完工後要注意與其他材質的交接處，確認是否有無污染。

✛ 完工檢測重點

Epoxy

1 施作前需先緊閉門窗

Epoxy 施作時必須精密，若失敗則無法拆除部分區域重做，會產生接縫問題。因此在施工期間必須先將門窗緊閉，避免蚊蟲、沙塵進入，一旦在未乾凝的階段有蚊蟲附著，就需全面拆除該塗層再重新施作。

2. 水泥地需經過 28 天的養護再施作

若施作區為新施作的水泥，需先經過 28 天的養護期間，使水分完全揮發後再施作 Epoxy 較好。

3 調配正確比例，確保施作順利

不論是施塗哪一層，Epoxy 都需與硬化劑攪拌後使用，比例需準確且需攪拌均勻。一旦比例不對，Epoxy 無法乾凝，會一直呈現黏稠的狀態，

依照產品標示，調配正確比例才能確保施作品質。

事先修補水泥地面的裂痕，避免影響 Epoxy 的完成面。

就需拆除重做。

4 特殊機能需確認配置完成

若增加防水和導電機能，施工時需特別注意施作的順序是否正確，像是玻璃纖維網和銅線都需在底塗完成後施作。

5 確保乾凝完全

每上一層漆面，都需等待一天時間乾硬，隔天注意是否有未乾凝的區域。如遇下雨期間，空氣濕度較高，就不建議施工，避免發生乾不了的問題。

6 確切填補水泥裂痕

施工前先整理素地，清掃砂石，若有水泥裂痕，則需敲開重新填補至水平。

PVC 地磚

1 施作前先鋪設防潮布

在施工前要注意地面的平整度，如果地面不夠平整，則施工後不但會影響美觀，且也會有高低起伏的現象。另外，也要避免濕氣，施作前可利用防潮布隔絕，以免反潮使得黏膠不容易乾。

2 打水蠟做表面防護

由於透心的 PVC 地磚有著粗糙的毛面，施作完後需確認是否施作水蠟將表面的毛細孔封住，以免日後特別容易變色或因髒污染色。

3 PVC 方型地磚施作時需垂直不歪斜

施作 PVC 方型地磚時，需先找出施工空間的中心十字線後，對準中心線的垂直交錯處後開始黏貼，需注意第一片是否有貼垂直，避免貼歪的骨牌效應。

常用材質介紹

依用途選擇適用材質

Epoxy 除了可獨自作為地板使用外，耐髒污的特性，也可用作水泥、塗料漆面的保護層。而 PVC 地磚和塑合木則是以塑料加工而成的地板材，作為實木等材質的替代建材。

Epoxy

|適用區域| 除了廚房、衛浴等，全室適用
|適用工法| Epoxy 施工
|價　　格| NT.2,000 ～ 5,000 ／坪。基本需施作 15 坪，若不足則需另付基本出工費

特色

Epoxy 本身具有抗酸鹼、耐磨耐髒的特性，再加上可一次大面積施作，價格低廉，常用於實驗室、廠房等，而在居家中則是經常用於水泥或漆面的保護層。Epoxy 可因應環境需要而添加不同材料來達到防腐、耐酸、抗電等效果，像是在需要精密儀器測量的半導體產業實驗室，為了防止靜電影響儀器，Epoxy 中加入可導電的銅線和塗層，產生抗電的效果。但要注意的是，Epoxy 表面不耐刮，需避免尖銳物品，搬運傢具或重物時要避免以拖拉方式移動。同時不耐熱不防潮，遇熱表面會形成焦黑，一旦造成龜裂或焦黑的情況，事後則無法進行修補，因此建議不可施作於衛浴、廚房空間。

圖片提供／鍊達實業

挑選注意　　　　依照環境需求來挑選,若是需要防滑的情形下,像是有坡度的車道,表面就會加入金剛砂,增加摩擦力和抓地力。若是施作底層的水泥有裂縫,可先加上玻璃纖維網,防止水泥裂縫影響 Epoxy 裂開,而玻璃纖維網也有防水功能,因此也經常作為泳池的防水底材使用。

施工注意　　　　開始面塗前,地面一定要清潔乾淨,因為在施工過程會略為縮水,殘留粉塵會造成地面突起。完工後,建議需放置 3 ～ 7 天,以提升材質的穩定度。這期間因尚未硬化完成,不可放置重物,否則會有凹陷的情況發生。

PVC 地磚

攝影／Yvonne

| 適用區域 | 除了衛浴、廚房等，全室適用
| 適用工法 | 黏貼式、卡扣式施作
| 價　　格 | NT.1,200 ～ 2,000 元左右（厚度為 2 ～ 3mm）

特色

PVC 地磚主要以塑膠原料組合製成，可區分為「透心」和「印刷」，因其製作過程的不同，所呈現的花色也有所差異。透心地磚的花色較少，大部分是以石粉加上化學添加物所製成，看起來較廉價，因此多用於小倉庫居多。而印刷式的地磚花色多樣，多使用於商業空間。PVC 地磚的耐磨層從厚度 20 條（2mm）、50、70 到 100 條都有，普通的 PVC 地磚厚度約 3mm 左右。不耐潮耐刮，本身泡水會發脹，不建議施作於浴室中。PVC 地磚本身質地較軟且輕薄，會沿著原有地面起伏，若是貼覆於磁磚地上，用久可能會壓出磁磚縫的凹陷痕跡，建議施作前需整平地面。

挑選注意

依使用空間來選擇地磚的耐磨程度。一般而言，耐磨層 0.2mm 適用於人員較少的居家環境、耐磨層 0.3mm 適用於商用空間，而耐磨層 0.5mm 以上則適用於輕工業環境。若想要在住家使用，建議選用較厚的耐磨層，較能延長使用年限。

施工注意

事前需整平地面。若有餘裕，施作前可加上防潮布。同時材質會熱漲冷縮，距牆面需留出伸縮縫。

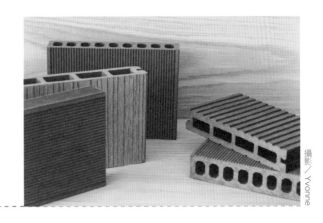

攝影／Yvonne

塑合木

| 適用區域 | 陽台、庭園等戶外空間
| 適用工法 | 木地板
| 價　　格 | 約 NT.15,000 元／坪

特色

環保塑合木是塑料與木粉混合擠出成型，經過高溫高壓充分混合及擠壓，使塑料充分將木粉包覆，吸水率極低，防潮耐朽，材質穩定度比實木高，可改善實木遇水容易翹曲變形的缺點。再加上沒有防腐藥劑，和南方松相比，具備無毒、防焰的優點。多使用於居家陽臺、公園綠地、風景區及戶外休憩區等場所。一般可分為木纖塑合木與玻纖塑合木兩種。若在製成過程中植入鋼管或鋁合金骨材，則可製成「木纖塑鋼木」與「玻纖塑鋼木」，此兩種建材剛硬穩固，可作為結構或支撐樑柱之用途。

挑選注意

可以由切斷面外觀來判斷塑合木品質的優劣。觀察中空材斷面內壁有無氣泡凸起，若內壁不平整，表示塑料與纖維未均勻混合，可能易發生變型。

施工注意

大面積的平台鋪設需使用扣件固定。由於內含塑膠成分，熱脹冷縮的伸縮比率略高，塑木板料相接處應預留 5～8mm 的伸縮縫。

設計師・廠商一覽

依公司名稱筆畫排列

設計師		
大晴設計	02-8712-8911	台北市南京東路四段 53 巷 10 弄 2 號
今硯室內設計	02-2790-6228	台北市南京東路六段 350 之 8 號 6F-5
六相設計	02-2325-9095	台北市延吉街 241 巷 2 弄 9 號 2 樓
日作空間設計	03-284-1606	桃園市龍岡路二段 409 號 1 樓
木介空間設計工作室	06-298-8376	台南市文平路 479 號 2 樓
王本楷空間設計	02-2577-2449	台北市八德路三段 12 巷 57 弄 42 號 1F, 105
尤噠唯建築師事務所	02-2762-0125 ／ 04-2337-4460	台北市民生東路五段 137 巷 4 弄 35 號 台中市烏日區三榮路一段 171 號 1 樓
先奕實業有限公司	0920-118-181	台北市昌吉街 248 號
朵卡設計	0919-124-736	
奇逸空間設計	02-27528522	台北市忠孝東路三段 251 巷 12 弄 2 號 1 樓
明樓室內裝修設計	02-2745-5186	台北市松信路 216 號 1 樓
林淵源建築師事務所	02-8931-9777	台北市羅斯福路五段 245 號 11 樓之 1
昱承設計	02-2327-8957	台北市中正區南昌路一段 65 號 4 樓
界陽＆大司室內設計	02-2942-3024	台北市重慶北路一段 29 號 10 樓之 2（總部） 新北市中和區忠孝街 2 巷 1 號 1 樓（分部）
相即設計	02-2725-1701	台北市松德路 6 號 4 樓
徐岩奇建築師事務所 +ZDA 設計	06-251-0265 ／ 06-251-0302	台南市西門路四段 19 巷 31 號
曾建豪建築師事務所／ PartiDesign Studio	0988-078-972	台北市大安路二段 142 巷 7 號 1 樓
裏心空間設計	02-2341-1722	台北市杭州南路一段 18 巷 8 號 1 樓
頑石設計工坊	0939-176-053	高雄市林森路 134-1 號
演拓空間室內設計	02-2766-2589 ／ 04-2241-0178	台北市八德路四段 72 巷 10 弄 2 號 1F 台中市大墩 4 街 321 號 13 樓之 2
摩登雅舍室內設計	02-2234-7886	台北市忠順街二段 85 巷 29 號 15 樓

廠商

ICI 得利塗料	0800-321-131	桃園市東園路 52 號
上鼎石材有限公司	03-451-7999	桃園市中壢區合圳北路二段 475 號
久寬磁磚	02-2531-5999	台北市長安東路一段 42 號 1 樓
大雨水電防水工程	0932-028-046	台北市南京東路五段 59 巷 27 弄 19 號 2 樓
木易樓梯扶手	0958-600-424	新竹縣湖口鄉新生三路 2 號
正新精品門窗	03-434-0000	桃園市中壢工業區北園二路 6 號
亞登士建材工程行	07-703-1523	高雄市大寮區民智街 139 號
朋柏實業有限公司	02-2704-7217	台北市 106 大安區敦化南路二段 100 號 3 樓
育勝工程行	02-8648-1872	新北市汐止區茄苳路 271 號
星達塗料 Star Paints	02-2581-2550	台北市中山區南京東路一段 86 號 10 樓
虹牌油漆	07-8713-181	高雄市沿海三路 26 號
特力幸福家	0800-089-945	
祐德工程有限公司	02-2683-0703／ 0935-633-749	新北市樹林區中正路 83 號 5 樓
雋永 R 不動產	02-2367-6795	台北市林森南路 142 號 7 樓
榭琳傢飾	02-2748-6768	台北市永吉路 298 號／ 台北市永吉路 302 號 3F-2
鍊達實業	02-2681-0189	新北市保安街二段 45 巷 9 號

上鼎石材主要從事花崗岩、大理石及人造石之客製化訂製品及石材相關施工工程。從挑選石材至施工完畢，皆單一窗口為您服務，讓您輕鬆的打造屬於自己的幸福空間。

桃園市中壢區
合圳北路二段475號

03-4517999

03-4517555

上鼎石材有限公司

ID:s3558392

國家圖書館出版品預行編目(CIP)資料

裝潢工法全能百科王【暢銷典藏版】：選對材料、
正確工序、監工細節全圖解，一次搞懂工程問題/
i室設圈｜漂亮家居編輯部作. -- 3版. -- 臺北市：城
邦文化事業股份有限公司麥浩斯出版：英屬蓋曼
群島商家庭傳媒股份有限公司城邦分公司發行，
2023.08
　面；　公分. -- (Solution；153)
ISBN 978-986-408-965-9(平裝)

1.CST: 施工管理 2.CST: 建築材料
441.527　　　　　　　　　　　　　112012482

Solution153
裝潢工法全能百科王【暢銷典藏版】
選對材料、正確工序、監工細節全圖解，
一次搞懂工程問題

作　　　者｜ i室設圈｜漂亮家居編輯部
責任編輯｜ 許嘉芬、蔡竺玲
封面設計｜ 葉馥儀
版型設計｜ 白淑貞
美術設計｜ 鄭若誼、白淑貞、王彥蘋、詹淑娟
採訪編輯｜ 王玉瑤、許嘉芬、張景威、楊宜倩、鍾侑玲、鄭雅分、魏賓千
插　　　畫｜ 黃雅方
發 行 人｜ 何飛鵬
總 經 理｜ 李淑霞
社　　　長｜ 林孟葦
總 編 輯｜ 張麗寶
內容總監｜ 楊宜倩
叢書主編｜ 許嘉芬
出　　　版｜ 城邦文化事業股份有限公司麥浩斯出版
地　　　址｜ 115 台北市南港區昆陽街 16 號 7 樓
電　　　話｜ 02-2500-7578
E m a i l｜ cs@myhomelife.com.tw
發　　　行｜ 英屬蓋曼群島商家庭傳媒股份有限公司城邦分公司
地　　　址｜ 115 台北市南港區昆陽街 16 號 5 樓
讀者服務專線｜ 0800-020-299
讀者服務傳真｜ 02-2517-0999
E m a i l｜ service@cite.com.tw
劃撥帳號｜ 1983-3516
劃撥戶名｜ 英屬蓋曼群島商家庭傳媒股份有限公司城邦分公司
香港發行｜ 城邦（香港）出版集團有限公司
地　　　址｜ 香港灣仔駱克道193 號東超商業中心1 樓
電　　　話｜ 852-2508-6231
傳　　　真｜ 852-2578-9337
馬新發行｜ 城邦（馬新）出版集團Cite(M) Sdn.Bhd.
地　　　址｜ 41, Jalan Radin Anum, Bandar Baru Sri Petaling,57000 Kuala Lumpur, Malaysia
電　　　話｜ 603-9057-8822
傳　　　真｜ 603-9057-6622
總 經 銷｜ 聯合發行股份有限公司
電　　　話｜ 02-2917-8022
傳　　　真｜ 02-2915-6275
製版印刷｜ 凱林彩印事業股份有限公司
版　　　次｜ 2024年8月3版 3 刷
定　　　價｜ 新台幣599元
Printed in Taiwan